徐天麟／著

徐天麟帶你吃遍道地台南美食

永遠站在「衣帶漸寬終不悔」的另一端

等了好久，盼了好久，天麟的這本新書終於出版了。

其實和天麟熟識也才是這幾年的事，我們有著共同的興趣和嗜好，在同樣的領域，各據一畦田地，各自耕耘：嚴格來說，我們都是非科班出身，既非美食記者，也不是廚師餐飲背景，更不是烹飪名師，在這個百花齊放的領域裡，算是自成一個門派吧！

我因為從小習慣了在家做菜，沒那麼多機會外食，做美食工作也是無心插柳，一開始沒什麼野心，也比天麟懶惰多了，沒像他那麼拚命，那麼勤勞，我每次看他的臉書，都是驚呼連連，他怎麼可能吃這麼勤快？

記得有一次，我和他共同擔任台北縣（改制前）海鮮餐廳的評選，一整天奔波下來吃了七八家的海鮮大餐，五六點結束時早已筋疲力竭，他老兄還問我，吃了一天海鮮真的很累，要不要換個口味，和他去吃排骨飯？我當時睜大了雙眼回他，真的嗎？（我以為他開玩笑），於是，三十分鐘後，我們真的出現在萬華的小吃店裡吃排骨飯。

有一次，我和他去日本美食之旅，吃了好幾攤後突然很白目地問他，可以回飯店睡午覺嗎？你們應該知道當時的後果吧！說實在，我不太敢跟他的美食團，他的腳程驚人，胃口驚人，還有意志力驚人，我的實力還是乖乖看看他的臉書就好，偶爾和他出去吃一二餐飯，或是點心咖啡的就好。

天麟真的很拚命，國內國外南北奔波，而且幾乎是馬不停蹄的吃，我常說，他的臉書和部落格幾乎是用體重和健康去換來的，他永遠站在「衣

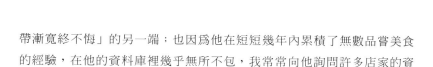

帶漸寬終不悔」的另一端；也因為他在短短幾年內累積了無數品嘗美食的經驗，在他的資料庫裡幾乎無所不包，我常常向他詢問許多店家的資料，他都鉅細靡遺，一一細數，令我佩服。

我唯一贏他的，就是我自己訂下目標，每年至少一本新書出版，逼著自己「交功課」，而他，幾乎時間和力氣都花在「吃」上面，關於「交功課」這件事，他承認比我懶惰，說實話，如果天麟真的認真出版所有美食圖文，那一年至少三四本書沒有問題，我根本望塵莫及。

這本書，是我在跟著他去台南經歷一天一夜「美食震撼教育」後，不斷半哄半騙的說服他，真的應該把這些精采內容一一紀錄下來集結出版，讓更多人知道台南美食的豐富和精采之處，他才乖乖就範交出的功課，也算是我為廣大的天麟粉絲們謀求的一點點小福利。

台南美食有它枝繁葉茂的歷史，還有百家爭鳴的興榮市況，一本書當然很難盡得全貌，但以一位非在地的美食愛好者，能將這麼多店家來來回回吃幾遍，再集結成書，也只有天麟做得到了。

最後，我要告訴各位讀者，我們二位常常互相吐槽，但也會互相嚴厲的督促彼此，當我在東京街頭問他能不能休息睡午覺，他立刻轉身投以如利劍冰霜般的眼神時，當下我就知道，下次當他告訴我，明天他要開始減肥了，我該如何回敬他相同的眼神。

如此任性又執著實踐的美食家不多，願意乖乖坐下來寫書的，更少，這本書，彌足珍貴。

美食家 吳恩文

從台南18攤，到台南80攤

天才剛亮，五點半吧，已經聽到隔壁房間的徐天麟出門的聲音。六點半左右，他回來了，還有一、二位愛飯團的團友跟著他，大包小包，開始在有方公寓一樓的廚房裡，忙著為大家準備早餐了。（是的，團長偷懶了！）

走下樓，牛肉湯的香氣撲鼻而來，因為徐天麟是等大家下樓，才一碗一碗「現沖」早上的六千買的鮮牛肉，這樣才能保持牛肉最好的鮮嫩度……桌上還有虱目魚頭粥、武廟口有名的阿嬤炭烤三明治，再一會，有方公寓阿姨現煮的卡布其諾也好了。

台南的早餐，一直備受期待，但這樣的早餐，簡直比夢幻還夢幻。沒有排隊，我們在有著法國老公寓氣氛的民宿裡，享受著最道地的台南美味早餐食物，配著新鮮烘焙的咖啡。這個場景，還有一群朋友在海安路／國華街上邊走邊「覓食」的畫面，還是常出現在我歸類為「美味記憶」的記憶檔案裡。

台南18攤，是我當初因為知道天麟深諳台南小吃美食，所構想出來的小小瘋狂的想法。台南小吃向來名聲響亮，但是在我去過幾次的經驗裡，可能少了老饕的帶路吧，吃的幾個所謂「有名」的攤位都沒有太好的印象。而且，台南最精采的是他的早餐文化，如果不住在台南也很難享用得到……所以，才有了請徐天麟帶路，我們去住二天一夜（其實不到24小時）吃18攤的想法……我知道，想起來實在很嚇人，但是在徐天麟的細心安排下，這18攤包括到那天晚上的點心竹記鴨肉和冬粉、下酒菜安平鴨翅、黃家雞卷；最有名的特色點心「蒜茸枝」，還有台北都已經快找不到的飲品李鹹湯……所以，18攤吃下來，當然大家的肚量要和日本大胃王有得拚，但還不至於爆肚子啦！（哎，我的腦子裡忽然湧出我們在「阿文豬心」一共吃

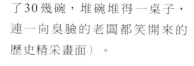

了30幾碗，堆碗堆得一桌子，連一向臭臉的老闆都笑開來的歷史精采畫面）。

在我們第三次愛飯團台南18攤的活動時，TVBS的新聞部來跟拍，說起現在有完全以美食為訴求的島內旅行……這麼一來，我發現有越來越多的朋友會專程去台南吃小吃，臉書上也常常出現朋友會小小抱怨，早上的牛肉湯可能要排一個小時才吃得到，周末的鹹粥可能要排到一個半小時……我不敢說愛飯團是台南小吃之旅的風氣之先，但是如果不小心是因為我們，我想向大家致歉，而這本台南80攤，就算是我們「賠禮」的作品吧！

從18攤到80攤，有更多徐天麟的「隱藏版」小吃名單，不藏私的全部大公開，讓大家不再是集中在少數的那幾家，或甚至是誤入了幾家「名氣大、但不是最美味」的小吃，而且，在他一次又一次自己深入台南每個小街小巷的美食採集裡，他也知道了更多「台南人自己會去吃的」小吃。

當然，這本書最大的價值不只是在名單或是地圖（市面上已有不少了），而是徐天麟說起或寫起美食時，那種全心投入的熱愛和演繹，那是一種熱情的分享，那是會讓我們同樣吃一碗蝦仁飯，有沒有經過徐天麟解釋，不誇張，好吃度會差到30％～50％……所以，如果你想要和愛飯團一樣享受徐天麟熱情又有喜感的美食說明，這本書，將是你最好的選擇。

愛飯團　美少女團長　許心怡

　　因為愛飯團的台南18攤的行程，而有了這本書的雛形！但寫書不是我擅長的，加上我又極懶，所以這本書是在心怡姐跟恩文，還有南西的催促與協助下，我猶如高齡產婦進產房一樣，拖拖拉拉又磨又蹭地，終於靠著大家幫忙，於是台南書才能呱呱墜地。

　　台南小吃歷史悠久，種類繁多，身為一個觀光客，來到這個古都，雖然我沒有辦法知道，每一個店家的來龍去脈，以及相互之間的關係。

但是一個簡單的小吃，透過味蕾傳達給你的，是傳統台灣人知足的氣節以及豐富內斂的人情味，每次日子一久，我就會想念台南的美味，那個記憶就會不停的催促你再次來訪。

　　各位朋友要來台南，如果你只是來觀光，那麼你可以參考愛飯團台南18攤的行程，就以海安路為中心，然後繞著保安路國華街民族路一圈，就差不多了！對台南美食有研究精神的朋友，你可能要花點時

間，找到你的方式，採單點跳躍的路線，一家一家的吃下去！其實最好的方法是你有一個在地的好友，他熟知台南大街小巷的美食，不管是攤商還是店家甚至是餐廳，協助你將這些美食串連，順著路線陪伴你一起向前吃！

最後，我要特別感謝我的台南好友翁芬妮小姐，因為她，我對台南美食有大幅度的認識，彷彿吞下了一顆60年功力的台南美食大還丹。另外，也是因為她，讓我以為台南市有著全國最便捷的大眾運輸工具，她都開車來高鐵站接我，讓我只要坐車就可以去輕鬆吃台南小吃，真的非常感謝她！

目 錄

15 早起的人兒有美食

84 撐破肚皮也要吃的台南STYLE

130　散散步繼續吃的精巧小食

168 呷涼ㄟ

184 非買不可伴手禮

192 徐天麟美食的飽食行程大公開

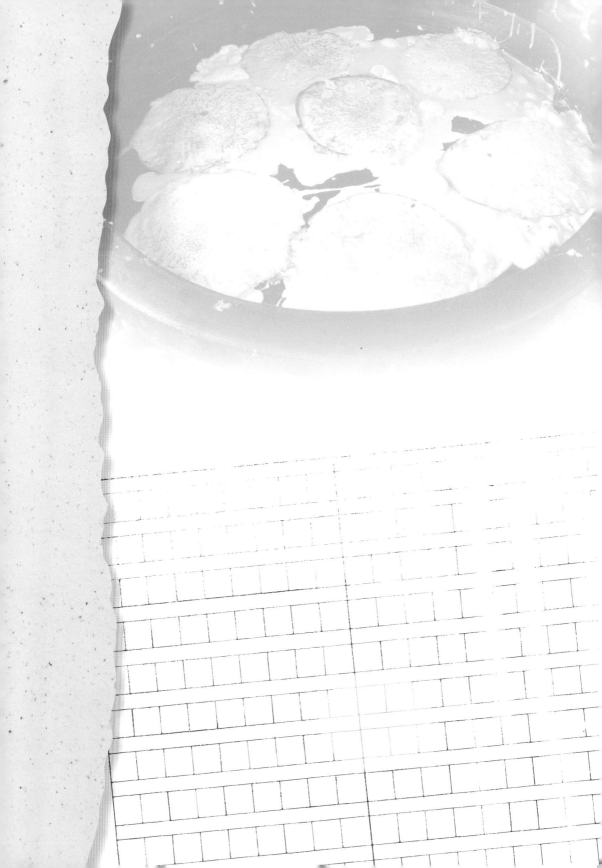

早起的人兒
有美食

勝利早點 ● 張記早餐店 ● 哈利漢堡 ● 阿婆碳烤三明治 ● 趙家燒餅店

早餐界的百貨公司

勝利早點

達人這樣吃

▶ 從下午營業到隔天早上的特殊營業時間，消夜和早餐都可以在這裡解決呢！

▶ 琳瑯滿目的餐點中，一定要吃的就是蔥餅和韭菜餅。

▶ 冷了皮也不會硬掉的煎餃，也別忘了嘗嘗。

▶ 百搭的鹹豆漿，一定也要來一碗喔！

　　再沒有其他的地方的早餐選擇會比台南更豐富多元了吧。「嘿！吃早餐啊！快點啦！有好多好多早餐在這裡！」也難怪出身台南的金曲獎得獎歌手盧廣仲會要特地寫歌歌頌早餐了。

　　台南的早餐從補血牛肉湯到日式湯泡飯到料多大碗鹹粥到手工漢堡肉三明治，應有盡有。

　　「有好多好多早餐在這裡，在我們最熟悉的早餐店裡，不管你睡的多晚起的多晚。」

◀想吃蛋餅，就要點台南口味的豬肉蛋餅，沒吃過不能說來過台南。

▼往往一起鍋就被搶光的煎餃，稍一猶豫只能等下一鍋。

　　一如歌詞，勝利早點雖然名為早點，但其實從前一晚的消夜場開始就吃得到了。店頭提供的餐點品項豐富，一般豆漿店吃得到的燒餅油條、蛋餅，這裡當然都有，加料整塊香煎豬肉的豬肉蛋餅附細切高麗菜絲和美乃滋，甜甜鹹鹹，是台南口味。冷了皮也不會變硬的多汁煎餃的口味也都不錯，但最好吃是韭菜餅和蔥餅。

　　勝利早點的韭菜餅內餡除了必備的韭菜、粉絲、蛋黃，還添加了味道溫潤的豆干，所以吃不到韭菜的澀味，倒是香味四溢，口感滑順，非常容易入口。

　　蔥餅則是招牌扛霸子。麵糰只以鹽巴調味，甜味全靠手勁揉出。接著必須靜置發酵一小時以上。發酵後分切成適當大小，攤開成長方形，塗抹爽口不油膩的葵花油，鋪上蔥花碎肉，再包合起來，送進烤箱，出爐時便成一道內餡鹹香濕潤、輕薄表皮香酥鬆脆，咬下一口馬上青蔥香味滿嘴的好吃蔥餅，搭配鹹豆漿服下，正好為爆食的一天畫下句點（摸肚皮）。

愛吃鬼MAP

育樂街

勝利路139巷

勝利路

★ 勝利早點

✉ 台南市東區勝利路119號
☎ 06-238-6043
🕐 16:00～23:00
🌙 除夕～初五
等級：★★★★

豪邁的北方早點

張記早餐店

落腳南台灣四十年，目前傳到第二代的張記早餐店，第一代來自遙遠遙遠的遼寧。遼寧在哪裡？遙遠遙遠的遼寧位於中國東北，緯度大勝饅頭的故鄉——山東，真是實實在在的北方了，店內提供的也是北方口味。

但什麼是北方式早餐呢？

南方常見的早餐是燒餅油條配豆漿，但在東北，當地人似乎更喜歡把粥當成熱湯配餅吃，於是一般早餐店不太容易見到的「綠豆稀飯」成了店內的明星商品。

稀飯並未事先調味，吃的時候可以加一點點糖，調成微甜，或是搭小菜吃，因為小菜豐富也是張記的特色喔，

達人這樣吃

▶ 來到北方口味的早餐點，綠豆稀飯是一定要來一碗的。

▶ 來幾盤小菜，沒錯，北方人早餐會配小菜。

▶ 店裡一直不斷起鍋的鍋貼和煎包，也別放過。

▲鍋貼和煎包隨時起鍋，用料紮實。
▼各式小菜不論是搭配稀飯還是蔥油餅，
　都很對味。

添了黑木耳的榨菜肉
絲、花椒香味濃郁微
辣的辣拌豬耳，還有
涼拌干絲，都值得一
試，不想配稀飯的話，
配蔥油餅也對味。

　就在店內隨時現包現
煎的鍋貼和煎包，賣相
樸實，但用料紮實，早
餐時段還有湯面和乾麵
可選擇。喜歡麵食的味
蕾可以獲得大滿足了！

✉ 台南市北區北門路二段338號
☎ 06-251-4332
🕐 06:00～11:00、15:30～18:00
　　（下午時段只賣韭菜盒）
🌙 每周日下午公休
等級：★★★★

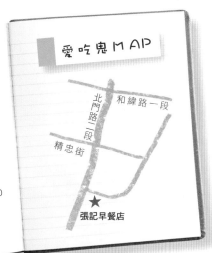

愛吃鬼MAP

和緯路一段
北門路二段
精忠街

★
張記早餐店

阿母乀愛心掛保證

哈利漢堡

哈利賣的東西很簡單，只有吐司、漢堡及三明治。店員也跟菜單一樣簡單僅僅只有阿姨一個人，兒子偶爾幫忙。

雖然店內的藏頭詩寫著，「哈囉請來座，利見貴人吉，速速來一盤，食者知味美。」但因為掌廚的阿姨一個人只有兩隻手，客人多的時候真是急也沒有用，所以只能耐心排隊，想吃哈利漢堡其實只能慢慢來。

哈利漢堡之所以特別，主要是食材是完全的良心牌。因為當初的開店初衷，是一位媽媽，想把做給自己兒子吃的早餐跟大家分享，多少也賺點錢貼補家用。

達人這樣吃

▶ 肉餡採當日現宰溫體豬絞肉，加上手工捏製，口感就是不一樣。

▶ 堅持選擇無香料無添加的台南老店土司。

▶ 1杯才15元的奶茶，從煮紅茶到調和奶水，統統自己來。

▶ 媽媽的愛心，需要耐心等待，人多時，就乖乖排隊喔！

店內人氣排行

第一名　三明治加肉
第二名　吐司加蛋加肉
第三名　漢堡加蛋
第四名　鮪魚起士

▲光是看到這盆當日現宰的絞肉，
　等再久都願意。

◀肉鬆吐司看起來也好美味啊！

　　是寶貝兒子也會吃進肚子的東西，做母親的當然不可能只圖降低成本就以來路不明的爛肉搪塞啊！所以不同於坊間大多數西式早餐店常使用的量販冷凍漢堡肉，哈利漢堡堅持採用每天現宰溫體豬絞肉，純手工捏製。調味的美奶滋選用天然檸檬汁取代白醋，自製自銷，配上煎蛋與切片番茄，再一口氣統統夾進採購自台南老店，無香料無添加的吐司麵包裡，就是店內最人氣商品，口味或是樸實不夠花俏，卻也因為夠天然，才百吃不膩。

　　就連搭配三明治的飲料奶茶也是自製。哈利漢堡不用合成奶精，也不用有礙健康的果糖做茶，而是自行熬煮道地紅茶，佐以荷蘭 Coberco 集團白美娜奶水，甚至糖漿也是自己做的，然後才調和成奶茶。更厲害是這麼費心的奶茶竟然才賣 15 塊一杯，而且開店二十多年來都沒漲過價錢喔！

　　或許平實的價格也是一種媽媽的愛心吧。

愛吃鬼 MAP

哈囉請來嚐　堡漢

✉ 台南市中西區中正路138巷8號
☎ 06-224-1422
🕐 07:10～14:00（賣完就收）
🌙 無
等級：★★★★⯨

民生路一段157巷

中正路138巷

★ 哈利漢堡

中正路

不可考的超級美味
阿婆碳烤三明治

台南武廟旁邊，一條窄的不容汽車路過的小巷子裡，阿婆的碳烤三明治在這彷彿時光靜止的地方已經飄香了幾十個年頭。

掌廚的阿婆非常可愛，年紀當然是有而且不只一些了，但身為女人的愛美之心可是未曾因為年齡而改變啊，譬如造訪的這天，除了以直條紋長版外套搭配黑色長褲，穿戴很整齊之外，手腕有玉鐲當首飾，脖子還繫上了很亮眼的藍色紫色拼接圖案的領巾，造型很美麗喔。

問阿婆為什麼要用碳火烘烤三明治呢？「從古早就是這樣做啊！」她答。

從古早古早剛有這家店開始，阿婆就是使用碳爐料理食材了，剛好比碳爐面大一點點

達人這樣吃

▶ 吐司散發的單純焦香，非常迷人。
▶ 一定要配冬瓜米漿！
▶ 欣賞一下阿婆神乎其技的鐵砂掌。

▲冬瓜米漿和烤三明治是最佳拍檔。冬瓜茶一樣得是遵循古法才行。

▶阿婆應該也從古早古早以前就練成不怕火烤的鐵砂掌了吧！

的平底鍋裡先攔進豬油熱鍋，接著倒進兩個已經充分打散的雞蛋，再加一大匙乳瑪琳增加香氣，待兩面都煎得金黃焦香之後，餡料部分就算完成。

是的，阿婆的碳烤三明治內容可是極度的一目瞭然喲，現成的白吐司麵包抹上薄薄奶油，夾心沒有肉也沒有生菜，純粹只有剛剛起鍋的金黃色煎蛋。把蛋夾進吐司的瞬間，阿婆也把煎蛋鍋取下並更換成烤網，因為調味這才要開始啊。

接下來只見赤手空拳的阿婆，猶如武林高手似的，不斷把烤網上的吐司夾蛋翻過來又翻過去。要知道，網子的另一邊就是燒得紅彤彤的碳火耶，高溫不在話下，但這時的阿婆完全不使用夾子之類的道具，就是徒手翻吐司。這作法也不是阿婆愛作秀，只是「從古早就是這樣做啊！」

也許真是古早人的智慧吧，烤過的蛋三明治由於富含油脂不但不乾柴，倒是飄散著微微的焦香味。原來焦香味就是最好的提味啊，配冬瓜米漿就好香好好吃。

愛吃鬼MAP

✉ 台南市中西區永福路二段227巷3號
☎ 無
🕐 06:00～10:00
🌙 週一
等級：★★★★☆

永福路二段227巷
阿婆碳烤三明治 ★
永福路二段197巷

一台缸爐收服各路饕客

南一區 西門路一段 **387**

趙家燒餅店

達人這樣吃

▶ 酥脆焦香的招牌長燒餅，滋味鹹香宜人，配著油條吃，超級對味。

▶ 蔥肉香氣滿溢的圓燒餅，越嚼越有味。

▶ 香酥的甜燒餅，配上融化的蔗糖甜味，簡直就是絕配。

很典型的台南老店，沒有裝潢，只賣手藝。淺白的店面，最搶眼的只有位於店中央的缸爐，如果剛好碰上燒餅即將出爐時分，或許有機會瞄見缸爐底部的木碳仍然炙烈燃燒，火光照映在浮貼於缸爐內側燒餅的表面，耀眼的橘色閃耀著金光，像是華麗的開場。

緊接著，主角燒餅就粉墨登場……喔不，是燒餅就出爐啦～～

承傳自老丈人的家鄉江蘇風味，趙家燒餅延續至第二代仍然是手工製作。作法是先用煮開的熱水淋濕少量麵粉，使之成為非常柔軟的麵糰糊，這過程叫做「燙麵」，接著再逐步和進老麵粉揉搓成麵糰，並加鹼中和。基本的麵糰準備妥當，然後就是依序依口味不同加工處理成鹹或甜口味。

▼招牌長燒餅又名「拖鞋燒餅」，抹進豆腐乳提味，口感令人驚豔。

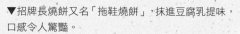

▲甜燒餅的香酥麵皮與融化的
　蔗糖甜味，是這時代難遇上
　的樸實美味。
▶趙家燒餅店是台南市少見以
　燒炭缸爐烘烤的燒餅店。

　　趙家燒餅的餅有四種，除了如前述依口味區分，也可以形狀區隔。譬如圓形是夾蔥又有肉的蔥肉口味；方形燒餅沿對角線切開就是口感綿密的三角燒餅，蔥花是小驚喜。

　　也有只填進白糖便貼上缸爐烘烤的甜燒餅，乍看口味好像很簡單，但香酥麵皮配上融化的蔗糖甜味，都是食材原味，卻也是這時代難遇上的樸實美味。

　　不過來到趙家燒餅，最不可錯過的還是又名「拖鞋燒餅」的招牌長燒餅了喔！橫剖開後抹進豆腐乳提味，再夾進酥脆的油條，連同燒餅一口咬下，「哇哇哇——」總要令人驚呼這是什麼東西啊怎麼好吃成這樣！

愛吃鬼 MAP

⊠ 台南市南區西門路一段387號
☎ 06-265-6670
🕐 05:30～12:00
🌙 無
等級：★★★★✩

新興路20巷　　新興路
西門路一段
趙家燒餅店　★

天麟說... 早起才吃得到，
應該也算早餐吧！

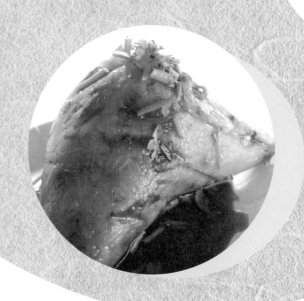

今天吃早餐了沒？

你吃的是三明治、漢堡？還是蘿蔔糕、蛋餅？

或者是中式的燒餅油條、小籠包等等。

相信你也一定聽聞台南人經典的豐盛早餐：牛肉湯

粉羨慕嗎？！

哎呀，其實台南人，並沒有人天天吃這麼營養啦！

尋常人家的早餐也和你我一樣。

不過就是牛肉湯，通常天還沒亮就營業，等到太陽昇起就賣完了

不拿來當早餐吃，還真吃不到呢！

所以，既然早起才吃得到，當然就是早餐的選擇之一了。

來台南時，記得起個大早，來喝一碗台南才有的美味牛肉湯！

五點起床才吃得到的美味
六千牛肉湯

六千牛肉湯的店名來自「六味之內有合一人情，千好萬法為請誰保重」，是王爺給的籤詩。

「台南最具代表性的早餐」，是說，假設有這項排名的話啦。假如要（很無聊地）為台南特殊的早餐文化做出先後排名，六千牛肉湯大概是不作第二人想的第一名。

達人這樣吃

▶ 跟著在地人吃，牛肉蘸油膏配白飯吃。

▶ 牛大骨熬的高湯，加上牛肉的鮮甜，早起超值得。

▶ 湯不小心喝太快見底了，沒關係，可以加湯。

早上五點開賣的早餐，對於更習慣早午餐的都市人來說，真是太難想像了。「誰會天沒亮就出門只為吃肉湯呢？」追求睡到自然醒的都市人實在無法理解。不過還真的就是有那麼多人會為了六千牛肉湯而早早出門，所以常常才過八點就賣完了。當都市人才準備出門上班，六千牛肉湯的一天已近尾聲。

▲碗裡的生牛肉片，舀入高湯後，真正
　的美味才算完成。
▶五點開門，多半3個小時左右，賣完
　了就收攤。

三小時完售的六千牛肉湯的魅力到底在哪裡呢？

看作法的話也真夠簡單了，切片生肉鋪進碗底，差不多堆到半碗多的高度吧，然後湯瓢一舀，把以牛大骨熬成的熱湯淋在生牛肉上，再灑上一點點鹽，就上桌了。

「這就是九點之後保證吃不到的秒殺美食？」賣相很一般嘛。看旁邊的台南人都把牛肉湯當菜似的、牛肉就蘸油膏配白飯吃，於是依樣畫葫蘆也

這樣吃，才發現，哇哇哇！這湯也太鮮甜了吧，玫瑰色的牛肉有點熟又不會太熟，嫩度剛剛好，而且甜味一滴也不流失地全留在碗裡，所以越吃越滿足喔。

尤其清甜的肉湯喝不夠還可以加湯，這種好事大概也只有在台南才會發生吧？忽然覺得有牛肉湯當早餐的台南人還真幸福，早起的人兒有肉吃喔！

✉ 台南市中西區海安路一段63號
☎ 06-222-7603
🕐 05:00～08:30（賣完就收）
🌙 週二
等級：★★★★★

愛吃鬼MAP

大勇街

六千牛肉湯
★

海安路一段

台南市長也愛這味

包成羊肉湯

達人這樣吃

▶ 好好享受一下幾乎沒有腥羶味的羊肉。

▶ 加了少許酸菜提味湯頭,清甜無比。

▶ 羊肉可以夾起來,另外沾醬吃。

▶ 當歸羊肉,會早早賣完,想吃的人請和市長一樣早起。

台南市長賴清德曾經因為在颱風夜的隔天一早就到包成羊肉湯吃羊肉而上了媒體。吃羊肉湯也可以是新聞?大概是認為颱風天市長居然還有閒情吃早餐,而且還吃那麼補!實在太不夠憂國憂民了,很不應該。不過換個角度想,天沒亮就想吃羊肉湯的這個動作,不就只是反映了,賴市長還真的很台南人嗎?

如果豪華牛肉湯當早餐可以是台南人的一種很普遍的習慣,那麼在大清早時分大啖羊肉湯也就沒啥好大驚小怪了吧。

不夠早起就吃不到的包成羊肉湯,依調味方式不同,大致分成:清湯羊肉與當歸羊肉。

▶太晚來店裡客滿時，就按照老闆指示抽號碼牌吧！

◀價目表下方，正是當日現宰的土羊，其實，只要新鮮就沒有腥羶味了。

　　吃過包成羊肉湯的人無不驚訝於這裡的羊肉幾乎完全沒有那教人卻步的羊羶味。而祕訣無他，就是新鮮，羊肉越新鮮，腥羶味越不明顯。

　　包成羊肉湯為求新鮮，只使用當日電宰土羊，分量大約就是兩隻吧，肉質部分選用上等羊里肌肉，並且都已經經過抓筋處理，然後手切成肉塊，待客人下單後才會下鍋汆燙，所以入口時羊肉仍呈現粉嫩色澤，質感細緻軟嫩。湯頭則是以羊大骨熬成，小撇步是會另外添加少許酸菜提味，所以清湯羊肉的湯頭格外清甜，又很下飯。湯裡的羊肉可以夾起來另沾豆瓣醬或油膏，等於多一道小菜。

愛吃鬼MAP

✉ 台南市中西區府前路一段425號
☎ 06-213-8192
🕐 05:00～11:00（賣完為止）
🌙 週一
等級：★★★★

府前路一段
西門路一段
包成羊肉湯 ★

有吃有保庇

南區 新興路 238

三官大帝廟旁肉粽

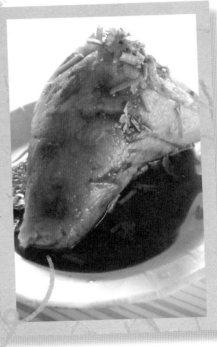

達人這樣吃

▶ 魚肚的肥美，魚肉的緊實，值得細細品嘗。

▶ 點根油條蘸湯吃，鮮脆無比。

▶ 吃肉粽搭配的沾醬，可別一不小心整罐吃完嘿！

　　如果你厭煩了觀光客的嘈雜，暫時不想再聽到相機快門聲不絕於耳，只願悠哉地在路邊吃一頓道地的台南小吃當早餐，這時，三官大帝廟旁肉粽會是你的好選擇。

　　這也是一家沒有特別取名字的小店，大概是因為營業位置就是住家門口吧，開始的時候只是要做給附近鄰居吃的，所以爐火和簡單的座位都設在等於自家前院一樣的地方，該知道地方的人自然會知道啊，店名就變得非常不重要。

　　小攤主要提供與虱目魚有關的各種湯品，譬如魚皮湯與魚肚湯，也可以做成魚皮粥或魚肚粥，但其實就是魚湯加飯做成的鹹粥，有肉、有飯、有熱湯，是很台南的早餐。虱目魚處理得很乾淨，不太需要擔心多刺的問題，魚肉肉質緊實，魚肚又肥

32

◀就是它，讓充滿古早味的肉粽畫龍點睛的美味沾醬，看我都吃到半罐了。

▶找到三官大帝廟，就可以找到好吃肉粽了。其實就是在自家門口做做鄰居生意的小攤子，但卻是避開觀光客的最好去處。

美嫩滑，而且量好多啊，簡直是吃肉配湯，很過癮。也可以加點一根油條來蘸湯吃，吸附魚骨高湯的油條，又鮮又脆，口感大加分。

在這裡吃虱目魚湯，除了油條還要配肉粽。三官大帝廟旁肉粽有著近似迴力鏢的特殊外型，不論從哪個角度看來都非常美觀，動筷子前先欣賞一下老闆的手藝是一定要的。

至於餡料方面則是走樸實路線，肥肉瘦肉分布均勻，米粒柔軟但仍保有彈性，味道是傳統的古早味，也許不夠出乎意料，但配上店家自製微辣的沾醬食用，口味也真是一絕了，一不小心就要吃掉半罐！

✉ 台南市南區新興路238號（三官大帝廟旁）

☎ 無

🕐 06:10～11:00

🌙 週日

等級：★★★★✦

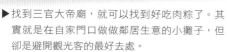

愛吃鬼MAP

三官路

新興路230巷

三官大帝廟旁肉粽 ★

新興路

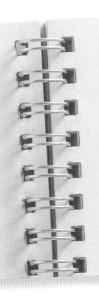

市場裡的好味道

詹家阿財點心 • 赤崁棺材板 • 阿全碗粿 • 郭家肉粽

東菜市阿婆乾麵 • 東菜市鄭記黑珍珠玉米 • 松村煙熏滷味

垃圾麵 • 余家涼麵

很有個性的念舊小店

詹家阿財點心

阿財詹點心
蝦捲・香腸熟肉

達人這樣吃

▶ 非傳統做法的蝦卷，一樣驚為天人。

▶ 所有美食，都是手工製作，胃還有
空間的話，多嘗嘗這手工滋味。

▶ 想喝湯，到隔壁榮盛米糕唷！

由中正路、國華街、友愛街、海安
路四路所包圍的康樂市場，舊名「沙
卡里巴」(Sakariba) 原文寫作「盛り
場」，本是繁華熱鬧的意思。

其實從它的日文名即能看出，建於
昭和初年的沙卡里巴早從日治時期開
始，已經是人潮聚集之處，但由於 1988 年與 1990 年等兩度火災侵襲，再加上民國
81 年開始的海安路地下街及路面拓寬工程，一挖二十年、政府又另於五期重劃區規
劃「新沙卡里巴」，使原有攤販大多已四散各處。

沙卡里巴最盛時期有上百攤，二十四小時都找得到東西吃，然而現今已沒落的沙
卡里巴內，僅存幾家老店，包括赤崁棺材板、沙卡里巴老牌鱔魚意麵、榮盛米糕，
和詹家阿財點心。

▲詹家阿財點心的蝦卷，硬是要
　和大家不一樣，用腐皮包捲，
　但也別有一番風味。

▶各種小吃，蟹圓、粉腸、香腸、
　熟肉等等，也是樣樣精采。

　　詹家阿財點心第一代老闆詹番薯，日治時代以辦桌生意起家，後來跟著友人全叔公學習香腸做熟肉，現已傳到第四代，由兩兄弟詹智雄及詹智能共同經營。

　　攤位上從常見的菜頭、豬心、豬肺、鯊魚皮、花枝，到蝦卷、粉腸、糯米大腸、香腸、米血、蟹圓等等，品項多達三十種，全都是在鄰近自家處手工處理製作之後才挪到攤上販售。

　　其中，蝦卷是阿財的看版商品之一。一般台南蝦卷多使用豬腹膜包裹，阿財家的蝦卷卻離經叛道地改採黃豆皮！好吧，說離經叛道可能誇張了點，但這的確不是台南的傳統作法呀。館料則一樣是使用火燒蝦。油炸後的豆皮金黃酥香，搭配結合荸薺與蝦肉的內館，一口咬下，酥、爽、甜、脆，一次就到位。

　　不賣湯，是詹家阿財點心另一項特立獨行之處。

　　原來是因為隔壁的榮盛米糕就有賣湯，這種不與人爭利的行事作風，或許是南台灣特有的一種敦厚吧。

愛吃鬼MAP

詹家阿財點心　★

中正路138巷　　永福路二段　　中正路　　中正路111巷

✉ 台南市中西區中正路106號
　（康樂市場沙卡里巴內）

☎ 06-224-6673、06-211-0781

🕐 11:30～19:00

🌙 不定休

等級：★★★★☆

台南原創小吃代言人

赤崁棺材板

六十七年赤崁古店
棺材板 鱔魚意麵

達人這樣吃

▶ 特製吐司，甜度降低，少了點油膩，雖經油炸仍然爽口。

▶ 用刀叉食用，享受另類的浪漫。

如今在各地夜市都看得到的棺材板，可是台南在地原創小吃喔！

棺材板原名「雞肝板」，因為最初是以雞肝等內臟為內餡。接著也就以雞肝板為名，在沙卡里巴市場熱銷了好一陣子。直到某日有貴客光臨，成大附屬工業學校（即成功大學前身）教授來到「盛場老赤崁」品嘗雞肝板。閒聊之際，「這雞肝板形似棺材的形狀呢！」教授忽然有感而發。發明人許六一先生聽到教授的一句，「那我的雞肝板就叫做棺材板吧！」竟然完全不忌諱地欣然接受了。棺材板從此定名棺材板，取其升官發財之意倒也挺吉祥的！

棺材板的做法，要先將厚片吐司麵包炸脆，接著用刀切出蓋子，中間挖空做成棺材板形狀，之後淋上熱騰騰香濃滑膩的內餡，美味小吃便大功告成。

棺材板發明之初，之所以採用內臟為餡，是因為在物資缺乏的年代，雞肝可是足以媲美鵝肝醬，被視為上等食材。但傳到第二代時，有鑑於內臟為主的棺材板，可能造成膽固醇過高，便改以海鮮、雞肉與蔬菜等材料代替，切開一看，給料還算大方，花枝滿大塊。吐司也經過特製，降低了甜度，除去油膩感，於是雖是油炸品但吃起來仍然爽口。

有沒有覺得棺材板的呈現方式很有西餐的味道，是不是很像西方的濃湯呢？

其實最初的發想確實就是西餐酥皮濃湯，也因此赤崁棺材板現雖被歸類為小吃，卻堅持西餐情調地仍使用刀叉進食。這或許可說是一種屬於古都台南的浪漫吧。

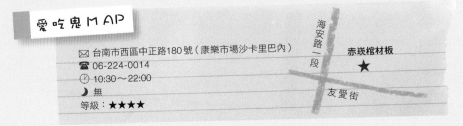

愛吃鬼ＭＡＰ

✉ 台南市西區中正路180號（康樂市場沙卡里巴內）

☎ 06-224-0014

🕙 10:30～22:00

🌙 無

等級：★★★★

海安路二段

赤崁棺材板

★

友愛街

實實在在的好味道

阿全碗粿

達人這樣吃

▶ 淋上醬油膏後，味道不死鹹，還非常溫和。

▶ 軟中帶 Q 的碗粿，樸實而實在的美味，讓人難忘。

第一代老闆在日治時代原本是開糕餅店的，後來轉做碗粿批發，直到阿全接手後才開始在友愛市場販賣，如今是市場裡僅存的兩個攤位之一，與郭家肉粽相鄰。攤位小小的，僅靠阿全一個人穿梭全場。

髮色花白的阿全伯已經八十多歲了呢！十幾歲開始做碗粿，迄今已超過一甲子。其實兒子早已經習得做碗粿的手藝，也在友愛街與忠義路口擺攤賣起碗粿了，但阿全伯還沒打算退休，一方面是捨不得市場的老客人，一方面也是喜歡工作吧，既然身體硬朗還做得動就繼續做，不過也不勉強就是了，每天一早開店，攤上的量賣完就收攤。

剛好有次好巧不巧地吃到小攤當日的最後一碗碗粿，邊吃邊和馬上開始準備打烊，所以和整理攤位的阿全伯閒聊，問起他碗粿的做法？

「啊～你要來參觀我家嘸？」

沒想到阿全伯竟然如此熱情邀約哩！機會難得，接下來當然就是跟著阿全伯的腳踏車，左拐右拐地不知經過幾條小巷後，抵達了阿全碗粿的祕密基地。友愛市場裡的阿全碗粿收工得早，但是在非假日，兒子的攤子會持續賣到傍晚，補貨全靠這個收拾得非常乾淨的居家小廚房。

阿全伯的碗粿，選用舊在來米碾成米漿，餡料部分則使用豬後腿肉、蝦仁和蛋黃，廚房裡可以看到盛在大鍋中的肉燥顏色深不可測，但是和白色米漿混合蒸熟之後，就是台南碗粿特有的醬色了，淋上以地瓜粉勾芡過的醬油膏，口味溫和不會太鹹，碗粿則是呈現軟中帶Q的口感，好實在，好好吃。

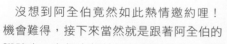
愛吃鬼 MAP

✉ 台南市中西區友愛街友愛市場36號
☎ 06-223-3732
🕐 07:00～14:00（賣完就收）
🌙 無
等級：★★★★☆

永福路二段63巷

友愛街

★
阿全碗粿

永福路二段35巷

古早味泉州粽

郭家肉粽

郭家
味噌湯 10
肉粽 30
菜粽 25
素食粽 五穀料 25
☎2211531・2213516

達人這樣吃

▶ 泉州粽內餡豐富，雙層肉、鹹蛋黃、香菇、花生等等，滋味豐富。

▶ 水煮的粽子，米粒軟而不爛，可以比較一下和蒸的粽子的米粒口感。

▶ 花生粉和香菜，讓粽子甜鹹均衡。

友愛市場的沿革與台南市立體育館的起落息息相關。

體育館現址在日據時期原是台南神社。光復後，神社換老闆被改建成忠烈祠，後來因為台南市承辦第 25 屆省運動會，當時的市長林錫山便下令遷走忠烈祠，並於原址興建大型體育文化中心，同時也在附近新建友愛市場以安頓周遭攤販。

所以友愛市場曾經也是人潮滿滿熱鬧烘烘的喔，怎知伴隨著盛極之後的竟是衰敗。文化中心搬往東區後，人潮也跟著散了，生意一年不如一年，以至於到今天，還堅持手著老市場的攤家，竟然只剩兩家，郭家肉粽便是其一。

現在顧攤的是第二代。第一代則是打從自日本時代就在台南神社附近擺攤，所以算起來也有四、五十年的光景了。

◀儘管第三代已經有了
新店面，但是郭老闆
還是每天來到友愛
市場，守著父親留下
的攤子和老客人。

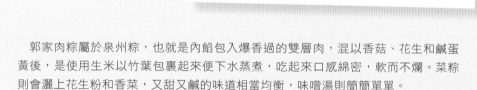

▲下水煮的粽子，糯米較軟。而豐
　富的餡料，讓嘴裡充滿各種食材
　的美味。
▶味噌湯一碗只要 10 元！

　　郭家肉粽屬於泉州粽，也就是內餡包入爆香過的雙層肉，混以香菇、花生和鹹蛋
黃後，是使用生米以竹葉包裹起來便下水蒸煮，吃起來口感綿密，軟而不爛。菜粽
則會灑上花生粉和香菜，又甜又鹹的味道相當均衡，味噌湯則簡簡單單。

　　郭家肉粽第三代早已在
南華街 27 號的自家繼續著
古早味，第二代卻仍執念似
的守在這清寥的友愛市場。
問老闆郭添財幹嘛不回家
陪著下一代一起賣粽子呢？
老闆說這攤子是爸爸留給他
的，老客人也是，總會有老
客人回到友愛市場的老地址
來向他買肉粽，於是他還是
每天來市場裡綁粽子賣粽子，
好像這麼做是一件再自然不過
的事，然後，賣完就回家了。

愛吃鬼MAP

✉ 台南市中西區友愛街
　友愛市場 012 號
☎ 06-221-1531
🕐 05:30～16:00（賣完就收）
🌙 無
等級：★★★★☽

永福路二段63巷
友愛街31巷
郭家肉粽
★
友愛街

天麟說…

市場裡的道地美味

想避開觀光人潮，想知道當地人生活中的美味
那一定得走一趟市場才行。
今天，我們上市場不買菜，而是吃美食。

首先說說就沙卡里巴市場。
由中正路、國華街、友愛街、海安路四路所包圍的康樂市場，舊名「沙卡里巴」，Sakariba，原文寫作「盛り場」，本是繁華熱鬧的意思。因為兩次的火災，加上海安路的工程，於是政府重新規畫了「新沙卡里巴」市場，雖然讓原本的沙卡里巴沒落了，但仍有幾家僅存的老店值得走訪。

其次是友愛市場，雖然是近代才興建的市場，但是在台南市立體育館的帶動下，也總是人潮滿滿，熱鬧無比，但是隨著都市重心的轉移，人潮

也消散了，友愛市場也日漸衰敗，現在還有兩個老市場的攤家，堅持駐守原地，繼續提供美味。

接著鏡頭轉到青年路上的東菜市。1909 年創立於東門圓環及西門圓環之間的市場，因位於當時市區的東邊，而被稱為「東菜市」。近年來，東菜市場一反傳統市場便宜為上的淺規則，堅持品質取勝，口碑建立之後，自然得到顧客信任，就連到東菜市消費的婆婆媽媽竟也主動地一改作風鮮少殺價了呢！所以東菜市又被稱為「有錢媽媽的市場」。這裡有不少已經遠近馳名的老攤位值得一攤吃過一攤。

故事說完了！
走！下一攤！

市場裡的經典美味

東菜市阿婆乾麵

▲ 配角的小餛飩，也是阿婆們每日現包現煮。

青年路上的東菜市，與水仙宮、鴨母寮並列台南三大老市場，老市場當然有老攤位，像是美鳳油飯、馮家牛肉等，都已經在地經營幾十年。而為配合到早市擺攤的攤商與早起採買的婆婆媽媽們的作息，東市場也不例外的一樣有很適合填肚子的小麵攤。

其中的阿婆乾麵，營業已經堂堂突破半世紀！目前已經傳到第二代了，但第一代的阿婆，頭髮已經完全花白了還是每天報到，大概是忙慣了閒不下來吧。

阿婆乾麵的麵條分成粗跟細兩種，配菜的小餛飩都是自己包的，口感很新鮮，淋醬會加上肉燥和黏呼呼的麻醬，吸哩呼嚕地特別容易入口。

骨肉湯則是一般麵店不太容易看到的湯品，除了當成肉湯喝，也可以把骨頭肉夾起來沾醬當成小菜，等於一湯兩吃也挺有趣的。

達人這樣吃

▶ 不管粗麵和細麵，配上淋醬和麻醬，一下子就吃光光了。

▶ 阿婆自己包的小餛飩，非常新鮮可口。

▶ 少見的骨肉湯，是湯品，肉還可以沾醬成小菜，一湯兩吃。

愛吃鬼MAP

✉ 台南市中西區青年路132巷12號
☎ 無
🕐 06:00 ～ 13:00
🌙 無
等級：★★★★

武德街

城隍街　青年路　青年路

青年路132巷

★

東菜市
阿婆乾麵

44

有錢媽媽們的口碑點心

東菜市鄭記黑珍珠玉米

1909 年創立於東門圓環及西門圓環之間的市場，因位於當時市區的東邊，而被稱為「東菜市」。東菜市鄰近寺廟，而在那個時代，廟宇附近經常也是乞丐群聚之處，也因此使得東菜市得到了第二個渾名，叫做「天鬼埕」是也。

到了近代，則又由於聚集在東菜市的攤商總是講究特別商品品質，尤其是衣服類商品，一反傳統市場便宜為上的潛規則，從不以低價競爭，反而是堅持品質取勝，口碑建立之後，自然得到顧客信任，就算傳統市場客層是以愛斤斤計較的婆婆媽媽為主，選擇到東菜市消費的婆婆媽媽竟也主動地一改作風鮮少殺價了呢！所以東菜市又被稱為「有錢媽媽的市場」。

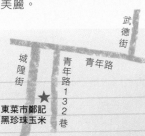

達人這樣吃

▶ 黑珍珠玉米口感 Q 彈，甜度媲美黃玉米。

▶ 現採現煮，自種自銷。

▶ 玉米富含膳食纖維與維他命 E，養顏抗老唷。

位於有錢媽媽市場裡的鄭記黑珍珠玉米，果然也承襲風氣，是特別強調品質的店家，店內所採用的紫、紅、黑、白多色玉米相間的品種叫做「歪米」，特色是口感Q彈的近乎糯米，但甜度又媲美黃玉米。每天現採現煮，自種自銷，流程一條龍所以品質更能充分掌握。

店頭的大看板明白點出吃玉米的好處，譬如富含膳食纖維與維他命E，除了可以降低膽固醇還有抗老的養顏功效，聽起來，簡直是專為有錢媽媽準備的點心嘛不是嗎，所以大家都要多吃玉米呀！吃多添貴氣，越吃才越美麗。

愛吃鬼MAP

✉ 台南市中西區青年路164巷東菜市內
☎ 0939-084-059
🕐 8:00～12:00
🌙 農曆十七
等級：★★★★

全台瘋迷的煙熏滷味
松村燻之味創始店

達人這樣吃

▶ 想吃什麼,自己用眼睛看看平台上有什麼吧!

▶ 現剁現切的熏雞,讓人口水都快流下來了。

▶ 煙熏後的百頁豆腐,超級入味。

　　說起來,製作滷味的方法也不少啊,可以急速冷凍冰釀,也可以用祕方滷汁熱燙。而發跡於鴨母寮市場的「松村燻之味」則是以煙熏方式打響名聲,如今不僅在台南地區擁有三家門市,甚至跨縣市北上展門市到達台中,亦每每登上網路團購排行榜,算是台南小吃企業化的成功範例之一。

　　只不過小吃這種東西,當然上網看看點點,就有人幫忙宅配到家是很方便也沒錯啦,但若老是對著真空包裝吃吃喝喝,不也好像少了一些……嗯,情調嘛!所以有機會時要跑一趟充滿庶民風味的松村燻之味本店,還是很有必要的。

▲每天現滷、現熏的各
式新鮮滷味，經紅糖
煙熏透出赭紅色光
澤，美味令人難以抵
擋。

▶滷得十分入味的熏鴨
翅伴隨糖熏的香氣，
每嘗一口都令人允指
回味。

　　台南的特色是念舊、不忘本。松村燻之味創始店秉持創業精神，迄今仍是偌大市場中的一家小攤子。親身走一趟鴨母寮市場，鴨翅、雞翅、豆干、米血、鴨腸、鴨舌頭、煙熏蛋——先浸入肉燥高湯熬煮一小時入味、再以糖煙熏15分鐘脫去多餘水分、上色得剛剛好的各種美味，每日現做、新鮮上架，就這麼整整齊齊地排列在平台上。

　　「想吃熏雞？」老闆馬上幫你現剁現切。現吃當然馬上口齒留香，但如果想帶回家品嘗，譬如米血切片炒青菜，滷味入菜也是別有風味喔！

　　特別推薦百頁豆腐，煙熏後尤其香軟入味，來到這裡還不乘機買一點，可是浪費生命浪費口水，別說沒提醒你！

✉台南市中西區成功路鴨母寮市場內
☎06-223-0295
🕐08:00～12:00
🌙月中與月底的周一
等級：★★★★

愛吃鬼MAP

松村燻之味
★

裕民街

忠義路三段

成功路

物美價廉才是王道
垃圾麵

比味道更傳奇的是環境。暱稱作「垃圾麵」，當然不會是因為這麵是使用回收廢棄物做成的啊。雖說電影《總舖師》裡，由吳念真飾演的憨人師好像常揀人吃剩的東西，譬如鹹酥雞，或是街友提供的蔥啊之類的東西當成食材再拼成大鍋湯，但那畢竟是電影情節，實際位於鴨母寮市場內的垃圾麵是不會餵你垃圾的啦。

只是作為代替的，可能會讓你坐在垃圾堆旁邊。

這也是垃圾麵名稱的由來，不然這家大市場小角落裡的小麵攤本來可是沒有名字的。每座大市場裡都會有幾家這樣的小麵店啊不是嗎？好啦也許其他市場裡的麵攤都距離垃圾場有點距離，但因為不管是攤商、送貨司機、或是來往的客人，難免都會肚子餓、需要吃點什麼當早餐或午餐，類似的需求可是不分整潔度差別的大家都一樣呀。

垃圾麵最初也是這樣一個方便大家填肚子的小麵攤，老闆一點都不想靠賣麵

達人這樣吃

▶ 老闆不會像電影裡拿垃圾給你吃啦！但要請你別介意環境就是了。

▶ 炭火燒煮的肉燥，和白飯一起大口吃，相得益彰。

▶ 點杯紅茶，體驗一下吃麵配紅茶的絕妙感受。

◀空氣中的氣味有
點特別，老闆的
態度也很特別，
但是，東西好吃
就好了啦！

▲為什麼有賣紅茶，大家也不
清楚，反正點來配麵就是了。

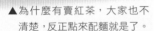

走紅，也不喜歡被人拍照放上網路什麼的，所以垃圾麵不只用餐環境差、地板是濕的、桌面油膩、飄散空氣中的味道很複雜，就連老闆的態度也談不上好（婉轉的說法），大概是壓根兒無意巴結觀光客吧——如果從這角度看，倒也算耿直。

不過麵的味道倒是不差的。陽春麵可以要求加餛飩、貢丸、魚丸、肉丸，還會淋上特別使用炭火燒煮的肉燥，肉燥有點有油膩，但配著白麵一起吃，口感還不錯，感覺吃完會變得很有力氣。

吃麵別忘要點紅茶來配喔！原因無他，只因為在這樣的小攤上喝冰紅茶的經驗實在太奇異了，不體驗看看很可惜呀！

愛吃鬼ＭＡＰ

垃圾麵
★

裕民街

忠義路三段

成功路

✉ 台南市成功路與忠義路二段
交叉口（鴨母寮市場內）

☎ 無

🕧 6:30～13:30

🌙 農曆初三、十七

等級：★★★☆

在地人才知道的好地方

余家涼麵

達人這樣吃

▶ 從小桌上堆滿的是先打包的涼麵來看，一定是受歡迎的店家，不吃吃看太可惜。

▶ 各種調味皆下重手，非常過癮。

▶ 麵條來自自家製作，什麼奇怪的添加物根本不存在。

余家涼麵位於東區的大同市場內，從菜市場進去後，從中間直走到底左手邊，就會發現涼麵攤就在你的左手邊。這裡不太會有觀光客，而是很在地人的店。或者該說，光是在地人的生意就做不完了，這點從小桌上堆滿事先打包的涼麵外帶包即可看出端倪，因為生意太好了嘛，客人源源不絕，哪有空等客人點菜時再一一打包涼麵啊，這樣隊伍都要排到市場外啦！

不好意思讓客人久等，於是可見老闆娘只要一有空檔就會趕緊多包些涼麵。

生意這麼好的麵店不可能不好吃，馬上點一盤涼麵來止飢，上菜時，只見淺盤子上金黃色的細油麵條好像金字塔一般，被堆得尖尖高高的，塔的尖端被大量脆綠色小黃

50

▲一包包打包好的涼麵,就是口碑啊!

▶也一起來碗餛飩湯,和涼麵非常速配喔!

瓜絲與白色蒜泥覆蓋,麵塔身周圍則又淋上濃綢的褐色麻醬汁,整體組合成相當鮮豔的食物風景。

至於口味?簡單一句,就是夠味呀!

隨興潑灑的麻醬不僅香味足,鹹度也完全符合台南人重口味的習慣,加上大蒜也是不跟誰客氣地一大匙,就這樣潑墨山水似的灑上去,各種重口味調合在一起,當然就成了,嗯,徹底的重口味涼麵,非常過癮。

余家涼麵還有個好處是除了醬料,就連麵條也是自製自銷,所以無須擔心好吃是因為加了硼砂或任何其他奇怪的添加物。配上熱騰騰的餛飩湯是相得益彰。

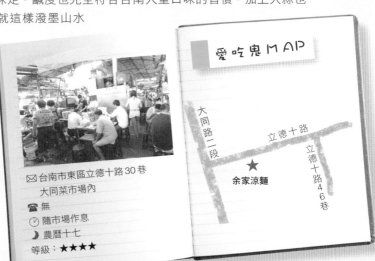

愛吃鬼MAP

✉ 台南市東區立德十路30巷大同菜市場內

☎ 無

🕐 隨市場作息

🌙 農曆十七

等級:★★★★

天麟說...

市場吃東西的小叮嚀

在市場裡吃東西呀，有幾個特別之處。

首先，環境不能怎麼要求，如果你是潔癖鬼，那請考慮清楚。有時候有些攤位的老闆，可能太認真於工作，以至於表情有點嚴肅。

所以千萬不要自作多情，以為老闆再生你的氣，人家只是認真。

不過，一邊吃著美食，一邊看著各有所堅持的老闆，以及穿梭來往的婆婆媽媽們，也是一種樂趣。

最重要的是，市場裡的美食攤位
營業時間，多半與市場作息相同，
有的很早就開門營業，有的要到
下午才開工，更有人賣完就收，
想要規畫一場市場美食之旅的話，
得先做好功課嘿！

港口城市才有的
尚青滋味

劉阿川虱目魚 ● 阿鳳浮水虱目魚羹 ● 阿江炒鱔魚 ● 信義小吃店

炒鱔魚專家 ● 眼鏡仔炒鱔魚專家 ● 阿川土魠魚羹 ● 下大道旗魚羹

山記魚仔店 ● 大勇街無名鹹粥 ● 天公廟魚丸湯 ● 府城黃家蝦卷

周氏蝦卷 ● 石精臼蚵仔煎 ● 古堡蚵仔煎

產地直送我尚青

中山路
8 巷

劉阿川虱目魚

達人這樣吃

▶ 以新鮮虱目魚肉製成的各式手工
魚丸，口味超澎湃。

▶ 香甜魚骨湯底佐以韭菜提味，獨
特鮮美甘甜。

▶ 魚丸湯配油條的在地吃法，值得
一試。

飲食挑選的基本原則：盛產什麼吃什麼，所以春天到東港吃黑鮪魚，夏初到拉拉山選水蜜桃。到了全台虱目魚最大養殖區的台南，則當然不可能錯過以產地直送的新鮮虱目魚為原料做成的魚丸湯呀！

基本上台南一帶的虱目魚丸湯名店，不論是永記或是天公廟，全都系出同門，最早都是源自劉清泉老先生的手藝。劉家二代接棒後才逐漸以店面形式穩定經營，爾後又經由兄弟們開枝散葉至台南各地，口味略有不同，各擁山頭。

阿川虱目魚是劉清泉老先生嫡傳大弟子劉甘委的心血結晶。用來製作魚丸的虱目魚都是當天早上才自市場挑選而來，鮮魚經即時處理之後，再分別加入蝦肉製成蝦丸，

◀虱目魚丸湯與肉燥飯是天生一對。

▲綜合湯裡除了魚丸、蝦丸、肉餃、軟 Q
　魚皮。
◀清爽的油條為魚丸湯增添 1+1 大於 2 的
　風味，是台南人鍾愛的吃法。

或加入絞肉再汆燙成肉餃。魚肉都做成魚片和魚丸，切下的魚骨則成了湯底的美味
源頭。香甜魚骨湯底佐以韭菜提味，綜合湯裡除了魚丸、蝦丸、肉餃、軟 Q 魚皮、
軟嫩虱目魚肉；還有外地少見的，以魚肉漿包肉餡，再以刀刃將魚片從案板上刮起
成一卷卷，做成好像是一本本小書的「魚冊」。

　各種虱目魚湯料，盛
裝得滿滿一碗，真是一
次就把虱目魚給一網打
盡了！

　魚丸湯與肉燥飯是天
生一對。喝湯配油條則
是台南人鍾愛的吃法，
油條可為清爽的魚丸湯增
添風味，也多增加新的口
感。所以人到台南，油條
配魚丸，入境隨俗可是一
定要的喲！

愛吃鬼 MAP

✉ 台南市中西區中山路8巷
　3號之1
☎ 06-227-0807
🕐 06:00 ～ 13:00
🌙 不定休
等級：★★★★✔

公園路　中山路
劉阿川虱目魚 ★
湯德章
紀念公園
青年路

台南最好吃的虱目魚羹

阿鳳浮水虱目魚羹

達人這樣吃

▶ 功夫了得的浮水魚羹,加入油麵和米粉一起吃,更大快朵頤。

▶ 魚羹裡夾帶著肥美的虱目魚肚肉,鮮美滋味令人難以忘懷。

▶ 記得!加點黑醋和胡椒粉,更能凸顯湯頭鮮甜的細緻美味。

阿鳳浮水魚羹的店名取自第一代創辦人林葉愛銀的外號「阿鳳」。明明名字裡又沒有鳳卻硬要喊成鳳,也是當年的一種流行吧,總覺得成龍成鳳才是好兆頭。

吉祥如意的阿鳳浮水魚羹是以台南本地盛產肥美的虱目魚肚肉、魚背肉,混合新鮮旗魚打製成魚漿,略施鹽、糖調味後,一一包覆到大塊魚肉上,才放入滾水中汆燙定形。

換言之,魚羹從內到外完全是全魚肉新鮮製作的喔,魚漿的彈性與魚肉的鮮甜兼俱,美味自不在話下。

▲ 濃稠適中的芡汁，裏著有嚼勁的虱目
魚漿，口感彈牙，滑順清爽。又鮮度
十足。

▶ 吃得到虱目魚肉塊的魚羹，鮮度十足，
台南最好吃的虱目魚羹非阿鳳莫屬。

　　湯頭則是直接採用剛剛汆燙過魚羹的湯水，原汁菁華都在鍋裡面，美味不流失呀，
只有稍微用地瓜粉勾薄芡調整濃度而已。上桌前，舀起魚漿和湯頭，撒上薑絲和香
菜少許，就是台南最好吃的虱目魚羹。

　　好吃店怎麼判斷？大概只要是獨鍾一味，膽敢全店只獨賣一種商品的店，都是好
吃的店。那麼巧，阿鳳浮水魚羹正好就是一家除了浮水魚羹，還真的沒有其他東西
的店呢！牆上的菜單非常簡單，就分成大碗和小碗而已，價錢不同，差距十塊錢。

　　現場是可以向老闆要求加麵或米粉啦，或像台南人喜歡的油麵和米粉都
加一點的差別。

　　特別喜歡虱目魚的
話，可以在點菜時向老
闆要多點魚肚，因為羹
的內裡都是完整魚肉啊，
夾著魚肚肉的羹，相形之
下更是肥美，食用時加點
黑醋和胡椒粉，更能突出
湯頭的鮮甜，然後一試成
主顧。

　　果不其然，阿鳳的魚羹
確實出人頭地，叫她第一
名啦！

✉ 台南市中西區保安路59號
☎ 06-225-6646
🕗 7:00～01:00
🌙 不定休
等級：★★★☆

愛吃鬼MAP

保安路

大勇街6巷

阿鳳浮水虱目魚羹

大德街

系出名門的鱔魚專家
阿江炒鱔魚

達人這樣吃

▶ 菜單上沒有的乾炒鱔魚油麵，是功力深厚的師傅才能掌握的，務必試試。

▶ 老闆不拘小節，也請你放鬆心情，好好享受這一派隨興。

▶ 出身炒鱔魚名家的老闆，大火快炒的功夫，也是一場精采的美食秀。

沙卡里巴裡的「老牌鱔魚意麵」，果然是台南最資深的老店，營業至今已近百年，而阿江炒鱔魚的老闆阿江，正是出身自這個鱔魚世家，阿江的爺爺就是老牌鱔魚意麵創辦人之一。

年近六十的阿江，早在四十年前就開始學做鱔魚了。學徒時期，每天要殺好幾十斤的鱔魚，還要炸意麵。這樣辛苦熬了六年多，才終於有資格拿起鍋鏟。一開始先在叔叔的阿源炒鱔魚裡工作，後來自立門戶在夜市擺攤，陸續也搬遷過好幾次，直到遷往民族路現址，才算穩定下來，老店面轉眼也開業二十了年。

▲鱔魚啊。本來就是多血的，而且這才是新鮮的佐證喔！

▶好吃才是美食的重點，環境、老闆抽不抽菸，就放寬心吧！

也許是正是因為系出正統鱔魚名門，阿江炒鱔魚某種程度上已成為台南的代表店家之一，就連日本雜誌也曾特地前來取材，也真是露臉了。

處理過的鱔魚就堆在店頭的竹簍上，看起來紅彤彤的是因為鱔魚血仍存於肉中，所以鱔魚也被視為活肉，古代醫書甚至曾有鱔魚入藥的紀錄，被認為是特別滋補。

鱔魚意麵要好吃，先是鱔魚肉質要細嫩，再來就是火候。鱔魚肉薄，炒久了會老，炒不夠又腥，剛剛好的熟度轉瞬即逝，起鍋時間全憑師傅經驗。

阿江炒鱔魚的乾炒鱔魚油麵是夢幻單品，請注意：是油麵不是意面喔！菜單上沒有這道乾炒鱔魚油麵，因為油麵質地遠比油炸過的意麵柔軟易爛，料理起來遠比意麵更費心，少有師傅願意做，是阿江的炒功一流才偶爾應要求炒給客人吃。不若傳統偏甜的調味，搭配油麵的鱔魚格外焦香，一吃就上癮！

阿江炒鱔魚的口味夠代表性，只不過，環境也相當庶民風情地，嗯……並沒有花太多精力去仔細整理得太乾淨。加上老闆個性不拘小節，想抽菸的時候就會抽菸，煙灰空中飛舞的場面在所難免。但只要理解老闆的風格就是這樣，倒也不失為是能夠輕鬆品嘗小吃的好地點喔。

愛吃鬼 MAP

忠孝街

民族路三段

康樂街

★ 阿江炒鱔魚

✉ 台南市中西區民族路三段89號

☎ 0937-671-052

🕐 17:00 ～ 02:00

🌙 初一、十五，遇假日前後調整公休日

等級：★★★★

半世紀經驗的炒鱔魚專家

信義小吃店炒鱔魚專家

野生鱔魚原本多棲息於水田與河川邊，大多是多泥土的環境，所以就像蚌殼也需要吐沙一樣，捕到鱔魚之後，通常會先養在清水裡幾天以去除土味。早期的鱔魚大多來自田邊，現抓現殺，口感新鮮又沒有腥味，不過因為環境改變，比較多是使用進口鱔魚了。

下鍋前，除了去除土味，還要剁掉魚頭並剔除脊骨，才能整理成方便料理的魚片。豪邁一點的店家會把鮮紅色的魚片層層堆疊在竹簍上展示，鱔魚本來就是多血的生物，所以常可看到深紅色的血水順著竹簍紋理涓涓流下。可別以為場景血腥，血淋淋才是新鮮現宰的證明。

信義小吃店也是一家會展示鱔魚片的店，不過稍微溫和一點的，是老闆通常會多套一層塑膠袋，所以血水不至於四處奔流逃竄。

達人這樣吃

▶ 不要害怕血淋淋的攤子，這才是新鮮的證明！

▶ 酸甜芡汁包裹的鱔魚片，細細品味就對了。

▶ 招牌上寫著的麻油腰花，也是Q嫩精采。

◀雖然已經交棒給兒子，但是老經驗的老闆還是會在白天時掌廚喔！

▼Q嫩的麻油腰花，既然老闆寫在招牌上，那一定要嘗一下才行。

　　本來這也是一家沒名字的店，到了決定取名字的時候，也沒多花什麼腦筋，就直接沿用了老闆名字。既然老闆叫做郭信義，店名就叫做信義炒鱔魚。

　　郭信義打從少年時期就跟著父親在東門圓環附近做生意，退伍後，一開始是在小南城隍廟旁擺攤，後來輾轉搬過好幾次店面，才好不容易落腳於現址。就這樣一轉眼也做了五十年，但郭信義可沒因為兒子接棒而退休喔！至少在白天的用餐時段仍是由大老闆掌廚。

　　黑醋和糖調合而成的酸甜芡汁與鱔魚因大火快炒而結合，淋在剛炸得金黃酥香的意麵上，一口咬下，又爽脆又濃郁，口感豐富，鱔魚意麵好吃不在話下。麻油腰花的口感Q嫩，也很精采。不愧是累積半世紀經驗的老店。

✉ 台南市中西區大同路一段 146 號
☎ 06-213-0614
🕐 10:30~13:00，16:00~22:30
⏰ 不定休
等級：★★★★

愛吃鬼MAP

大同路一段
府連路
法華街
府連路
信義小吃店
炒鱔魚專家
★

大火快炒達人在此

眼鏡仔炒鱔魚專家

達人這樣吃

▶ 大火快炒後的鱔魚口感爽脆，肉質飽滿紮實啊！

▶ 乾炒鱔魚意麵，酸、甜、鹹兼俱，調味恰到好處。

▶ 飽滿多汁的乾炒花枝，口感Q彈爽脆。

眼鏡仔炒鱔魚專家位於遠離觀光路線的南區，而且是在南區的郊區國宅社區。對於外地人來說，位置真不好找是一定的，幸虧老闆的好手藝彌補了位置的小缺點。

炒鱔魚一直是台南最著名特色小吃之一，但不代表每個台南人都擅長炒鱔魚，好吃跟不好吃的落差可以是極極極大。鱔魚要好吃，除了新鮮，火候是關鍵，端看師傅是不是敢把火候開大。

就好像電影《總舖師》把炒鱔魚當成比賽項目時，不也曾強調炒鱔魚只能炒黃金27秒嘛！就是得用誇張的大火快炒鱔魚才會即刻入味，鱔魚的肉質也能保持脆又美味。

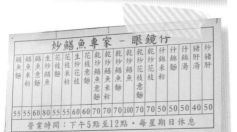

◀ 同樣大火快炒的炒豬肝，也是好吃到爆炸。

▼ 什錦湯裡有滿滿的小卷、蝦仁、豬肝和肉絲，湯鮮料多又入味。

炒鱔魚專家 - 眼鏡仔

鱔魚麵	鱔魚米粉	鱔魚意麵	花枝意麵	花枝米粉	生炒花枝	生炒花枝意麵	生炒鱔魚	乾炒鱔魚	乾炒鱔魚米粉	乾炒鱔魚意麵	乾炒花枝	乾炒花枝意麵	什錦米粉	什錦湯	豬肝湯	炒豬肝
55	55	60	80	55	55	60	60	70	70	70	100	70	70	50	50	50	40	50

營業時間：下午5點至12點 • 每星期日休息

　　當然實際操作的時候是沒有師傅會拿碼表計算時間啦，不過眼鏡仔炒鱔魚專家上菜速度非常快倒是真的。

　　快火炒出來的乾炒鱔魚意麵，鑊氣十足，鱔魚處理得很乾淨，炒熟之後肉質飽滿紮實。整體調味酸、甜、鹹兼俱，有別於台南傳統較為偏甜的芡汁，鱔魚的口感爽脆，非常好吃。不過意麵部分，也許是為縮短料理時間所以麵條先燙過了，卻又悶在旁邊的鐵桶有段時間，以至於口感較軟。

　　以蔥、蒜、洋蔥與調味料爆炒的乾炒花枝，口感Q彈爽脆，淋上一點點黑醋很提味。什錦湯裡有滿滿的小卷、蝦仁、豬肝和肉絲，料多味鮮。眼鏡仔炒鱔魚專家也是炒豬肝專家吧，同樣大火炒出來豬肝也非常好吃。

　　眼鏡仔炒鱔魚專家除了鱔魚炒得好，售價實惠也很值得一提，店內所有單價大概都比坊間低了幾十元，以貼近成本的價格提供美食，是老闆的小體貼。

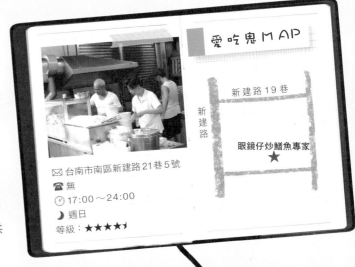

愛吃鬼 MAP

✉ 台南市南區新建路21巷5號
☎ 無
🕐 17:00～24:00
🌙 週日
等級：★★★★⌣

新建路 19 巷

新建路

眼鏡仔炒鱔魚專家 ★

清朝海盜老大的最愛

中西區 海安路一段 **111**

阿川土魟魚羹

達人這樣吃

▶ 裹上番薯粉油炸的魚塊，外酥內軟。

▶ 帶有蒜香與菜甜的羹湯，十分夠味。

▶ 佐以香菜和五印醋，甜中帶酸的滑順口感，增添土魟魚羹的風韻。

讓我們跳一下讓想像力回到清朝吧。那是在康熙 22 年，1683 年，清水師提督施琅於澎湖擊敗了鄭成功兒子鄭克塽，台灣於是成為清朝領土，施琅受康熙封為靖海侯，並搬到台南住下。期間有漁民獻上鱎魚，施琅一吃便愛上，之後人們便暱稱鱎魚為「提督魚」。提督魚、提督魚，以台語口音唸著唸著，從此再沒有稱鱎魚是鱎魚，倒是都轉音成了土魟魚。

沒想到施琅對台灣小吃界的影響這麼淵遠流長吧！

回頭來看阿川土魟魚羹，原來也是歷史悠久，超過七十年。任何事情只要久了大概都會複雜，包括土魟魚羹的身世也不例外。

最初是源自大菜市裡的鄭記，第一代鄭忠枝退休後，將老攤鄭記傳給大房長子鄭金龍，現已傳到第三代，但非一脈單傳。鄭家五房不甘示弱地在國華街經營好味土魟魚羹，阿川則是三房所開。基本上，台南有名的土魟魚羹大都出自鄭家。

▼油鍋酥炸後，裹著金黃色脆皮的土魠魚，外酥
內軟口感鮮美極了。

▲魚塊以蒜頭、糖、鹽醃漬入味，
讓土魠魚肉質更加鮮嫩濃郁。

可見土魠魚是多麼教人精力充沛的食物啊，多吃會多子多孫多店面喔！

鄭系一族土魠魚羹做法大致相同，魚塊與魚羹分開處理。魚塊以蒜頭、糖、鹽醃漬入味後，再裹上番薯粉油炸。阿川的生意很好‧土魠魚塊賣量大，隨時都能吃到熱騰騰還在冒煙的魚塊是一大優點。

羹湯部分，則是先爆香蒜頭丁，再加水、糖、鹽調味，最重要是一定要加進耐煮不變色的大白菜熬煮成帶有蒜香與菜甜的湯底，上桌前添入剛起鍋炸的外酥內軟的魚塊，再點綴以香菜和五印醋，就是甜中帶酸、口感豐富的土魠魚羹了。

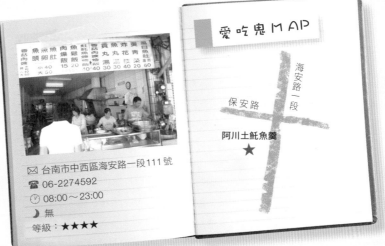

✉ 台南市中西區海安路一段111號
☎ 06-2274592
🕗 08:00～23:00
🌙 無
等級：★★★★

愛吃鬼MAP

海安路一段

保安路

阿川土魠魚羹
★

蔬菜高湯與海味的火花

下大道旗魚羹

達人這樣吃

▶ 清爽甘香脆的旗魚羹，口感無可
挑剔。

▶ 銷魂的旗魚羹，是在地內行老饕
的最愛。

▶ 香辣帶勁的特製辣椒醬，吃過都
說讚。

「下大道」這麼特殊的地名源自府前
路、西門路口的「良皇宮」，宮內供奉保
生大帝，當地俗稱大道公。早時在府城的
大道公廟除了良皇宮，還有一間位於北區
成功路的「興濟宮」，由於兩間大道宮廟
彼此的相對位置正好南北相望，習慣上便
稱呼興濟宮為「頂大道」，而良皇宮附近
則順理成章成為「下大道」。

　　有別於一般小吃店常見的以豬骨頭熬湯的作法，下大道旗魚羹的湯底大量採用白菜
與番茄。白菜提供了菜甜，番茄帶有天然酸香，肉味則是來自汆燙三層肉時留下的肉
甜，三層肉的豬油香氣則又剛好彌補了以旗魚作羹時、或多或少會產生的些微腥味，

◀淋上沙茶醬，美味更上
　一層樓。
▼湯底加入大量番茄、白
　菜，放入三層肉氽燙，
　成就旗魚羹清爽甘甜香
　的豐富口感。

▶台南道地獨有
　的一字牌香醋，
　絕對是一定要
　加的！

　　然後太白粉勾上薄芡，上桌前再添加一匙牛頭牌沙茶醬，綜合起來正好
成為一碗無可挑剔的旗魚羹。

　　所以雖然品項單純，主力商
品除了旗魚羹，只有要、或不
要加麵、或加米粉的差別，位
置前不著村，後不著店的遠離
美食集中區，停車也相當不方
便，但依舊門庭若市，總是吸引
在地台南人不畏烈日也要騎著機
車來解饞。

　　喜歡吃辣的人請務必嘗一嘗店
家為客人準備的辣椒醬喔，口味
香辣有勁，嗜辣者大好評。

愛吃鬼MAP

大德街　下大道旗魚羹
　　　　★
　　　　建安街

✉ 台南市中西區西門路一段
　 703巷38號
☎ 06-228-9530
🕐 08:00～17:00
🌙 週一公休
等級：★★★★☆

充滿海味的早晨從這裡開始
山記魚仔店

日本料理總給人一種美味、但高貴的印象。「那麼大清早就吃日本料理當早餐呢？」這般奢侈，至少在台灣，大概只會發生在早餐「什麼都有、什麼都賣、什麼都不奇怪」的台南吧。

日本和台灣一樣四面環海，所謂靠海吃海，稍微上得了檯面的日本料理都少不了魚，而且是新鮮的魚。

有多新鮮？在山記魚仔店，所有的新鮮都堆在店門口的冰櫃上，讓人一眼就能看個仔細。不論是深海鱸魚或是石斑，都是老闆蔡頂山於當日清晨三、四點才從安平漁市精心挑選採買的漁獲。

達人這樣吃

▶ 撒上深綠色海苔粉的鮭魚鬆飯，既漂亮又開胃。

▶ 如果可以，深海石斑味噌湯和海鱸清湯，都來一碗吧，太難抉擇了。

▶ 店內都是使用野生魚種，超愛吃魚的人一定可以在這裡得到大滿足。

◀也來點小菜吧！
▼這麼新鮮的海味，當然要來碗湯，將所有鮮美都喝下肚。

◀當日採買的深海石斑，成就了超鮮美的味噌湯。

　　新鮮，是曾經在日本料理店工作的老闆開店的信念。當初之所以會想開這麼一家透早就開始營業的料理店，也是受到新鮮的啟發，因為去到台東旅遊時，偶然發現當地居然從清早就在賣魚湯了，「台東能，為什麼台南不能呢？」馬上想到安平不也以漁產豐富聞名嗎，山記魚仔店便這麼落腳台南。

　　鮭魚鬆飯是到店基本款，細緻的鮭魚鬆佐深綠色海苔粉，美麗鮮豔、鹹香開胃。但搭配的湯就有些難以抉擇了，因為不論是深海石斑味噌湯或是海鱸清湯都太鮮美啦！

　　山記魚仔店堅持使用野生魚，譬如石斑只要深海大石斑，因為深海水溫低呀，魚類為了生存，必須努力儲存脂肪以維持體溫，因此特別肥美，帶皮的魚肉尤其Q彈、富膠質，彈性口感是養殖完全無法比擬。海鱸清湯也是鮮甜無比，一點點薑絲就很對味了，根本不需其他調味。

　　山記魚仔店是能讓你重新體會海味之美的地方喔！

愛吃鬼MAP

✉ 台南市中西區府前路一段120號
☎ 06-211-0851
🕐 07:00～14:00
🌙 週一
　　等級：★★★★

開山路　城隍街
山記魚仔店
★
府前路一段

超級低調、不上電視的小店

大勇街無名鹹粥

達人這樣吃

▶ 魚骨熬煮的湯頭非常清爽，湯裡的米飯保有顆粒的口感。

▶ 鹹粥內的魚料、湯料都是真材實料，每口都讓人很滿足。

▶ 虱目魚皮上帶著薄薄軟嫩魚肉的魚皮湯，不吃會遺憾！

台南人愛喝粥，所以鹹粥的名店不少，譬如：阿憨、阿堂，清一色的阿字輩，名氣響亮到就算是初來乍到的外地人大概也都略有耳聞。

招牌大的好處，是人潮證明了口味，店門口永遠人潮洶湧的阿字輩粥店的鹹粥當然好吃，但台南可愛的地方就在於，就算是叫不出名字的無名小店，

一樣好吃的不得了，就好比這家位於大勇街的83號的無名鹹粥。

叫不出名字是因為真的連招牌都沒有，只好以地址為名暱稱為「大勇街無名鹹粥」。而不做招牌也是別有用心，因為店家根本不想大出名。流行的美食節目其實好幾次都

▲連招牌都沒有的隱藏版無名鹹粥，是台
南在地人愛吃的早餐店。
◀鹹粥內的虱目魚肉，都已細心去掉細
骨，讓人安心滿足地大口吃肉喝粥。

想來介紹拍攝，但店家都謝絕了，就是怕要是上了電視，也許會吸引一堆觀光客慕名而來，但相對的也可能因為來客過多忙不過來，反而怠慢了已經吃了好多年的鄰居熟客。

店面環境簡單到甚至可以說是簡陋。但鹹粥的材料：肥美的蚵仔、虱目魚肉、土魠魚肉就堆在店頭，可是不怕指指點點喔。或許對於小吃店來說，真材實料就是最耀眼的裝潢吧！

虱目魚肉已細心去掉細骨，讓人能夠安心大口大口地吃肉喝湯，魚骨熬煮的湯頭非常清爽，湯裡的米飯沒有煮爛，仍然保有米粒的顆粒感，再以芹菜末、蔥酥提味，湯料幾乎比飯還多，真是口口滿足。

除鹹粥外，魚皮湯也很經典喔！虱目魚皮上帶著薄薄的魚肉，魚肉軟嫩，湯也鮮甜，每天準備的分量有限，食材賣完就沒有了。

愛吃鬼MAP

大仁街
大智街
大勇街
★ 大勇街無名鹹粥

✉ 台南市中西區大勇街 83 號
☎ 無
🕐 05:00～13:00
☽ 不定休
等級：★★★★½

誰説魚丸湯不能當主角
天公廟魚丸湯

養殖漁業興盛、安平港魚獲充足，加上不少府城人的祖先是由福建的福州、漳州、泉州渡海而來，這福建人愛吃魚丸是出了名的，不是有一種包著肉餡的魚丸就叫做「福州魚丸」嘛—想起來了吧！福州人甚至有「魚丸扁肉燕，年年吃不厭」的説法。

各種地利人和的條件那麼巧都剛好落在台南，魚丸湯自然成為台南小吃的不可或缺，吃蝦卷要配魚丸湯，吃米糕也要配魚丸湯。低調的魚丸湯就這樣默默扛起小吃界最大片綠葉，配角位置一坐就是好多年。

還好有天公廟魚丸湯為魚丸湯重新定位。因為天公廟魚丸湯，只賣魚丸湯！

湯頭使用連肉帶骨的整隻虱目魚，再加上豬大骨一起燉煮，所以鮮味十足，又喝得到新鮮魚肉的甜美，真是好喝沒話説。既然湯頭講究，湯料當然也都不假他人之手、全部自己做。

達人這樣吃

▶ 細細品味充滿魚肉和豬大骨的鮮美湯頭。

▶ 來碗綜合湯，丸類主角外，還有眾多美味配角。

▶ 湯裡吸飽魚湯的油條，記得一口吃下，讓湯汁再次在嘴裡散開。

天公廟魚丸湯的湯料豐富，雖然叫做魚丸湯，但裡不可只有魚丸。綜合湯裡除了魚丸，還有蝦丸、魚肚、瘦肉、生腸、粉絲和油條。魚肚因為怕熟了容易散掉，只裹上少量番薯粉就下鍋了，蝦丸是用蝦泥混虱目魚漿做成，一點點蔥酥超提味的，生腸脆，少許韭菜末點綴，顏色也美。

一口吃下吸飽魚湯的油條時，可真是享受啊！

到底是誰規定魚丸湯不能當主角的呢，天公廟魚丸湯算是還給了魚丸湯一個公道！

愛吃鬼MAP

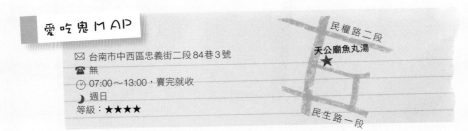

✉ 台南市中西區忠義街二段84巷3號

☎ 無

🕐 07:00～13:00，賣完就收

🌙 週日

等級：★★★★

民權路二段

天公廟魚丸湯 ★

民生路一段

 天麟說...

別忘了還有 蝦子！

有港口地利之便的台南，
各種魚類料理，新鮮度首屈一指
肥美更是讓人豎起大拇指。
不過，別忘了還有蝦子呢！
火燒蝦在等著你！

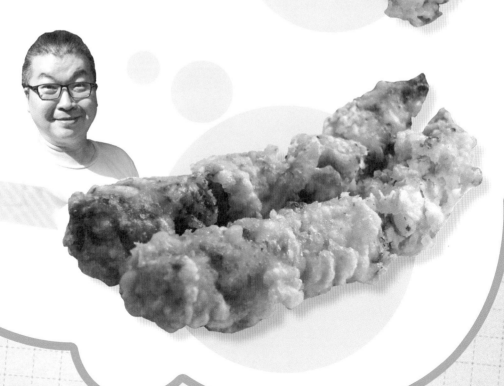

西和路 268號

現點現做的燙嘴美味
府城黃家蝦卷

達人這樣吃

▶ 看一下老闆剛剛包好的蝦卷,那表面的油花吧!

▶ 現點現炸,燙嘴的香酥,好吃到極點。

▶ 店內提供的特調醬汁,也記得沾一下。

蝦卷這種小吃,起源於鄭成功的軍隊。蝦卷最初原是軍隊裡福州小兵的家鄉菜,但隨著國姓爺落腳台南之後,因地制宜,便逐漸將福州卷裡慣使用的豬肉替換成安平港垂手可得的鮮蝦,鮮甜的台南蝦卷於是誕生。

但或許還是想從最道地的口味做起吧,黃家蝦卷創始人黃金水先生一開始還是跨海回到了福州,向當地老師傅吳祀學習傳統做法,學成後在石精臼一帶擺過小攤子,1985 年搬到鴨母寮市場。

黃家蝦卷內餡使用火燒蝦,製作一條蝦卷會用上四到五隻蝦,同時拌入高麗菜、蔥末,混合蝦漿,再覆以毛豬腹膜捲包成15公分左右的細長條狀。到店用餐時,常能

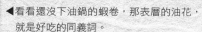

◀看看還沒下油鍋的蝦卷，那表層的油花，
　就是好吃的同義詞。
▼老闆提供的特製沾醬，讓蝦卷的美味更上
　層樓。

見到表面布滿油花的半成品陳列店頭，私以為，那雪白的油花正是美味的證明啊！
正好替清爽的海鮮風味的蝦卷增添少許豬肉香。

　黃家蝦卷一律現點現炸，沾上粉漿之後投入滿是花生油的油鍋中炸成金黃色即可
起鍋，現點現吃，那幾乎燙嘴的酥脆鮮甜真是讓人停不了筷子，好吃翻了！搭配醃
蘿蔔食用相當爽口，店內提供的特調醬汁與芥末醬也很提味。

　下午兩點半才開
店的時間很特殊，
原來是承襲自還在
鴨母寮市場時，必
定在市場散市後才
開市的習慣，雖然
2005 年之後已經離
開鴨母寮市場搬到現
址，但迄今仍舊堅守
著相同的精神（當然
也留下了傳統美味）。

　這就是所謂的「堅
持」吧。

✉ 台南市中西區西和路 268 號
☎ 06-350-6209
🕑 14:30～20:00（售完為止）
🌙 不定休
等級：★★★★⯪

愛吃鬼 MAP

府城黃家蝦卷
★

台南蝦卷界大紅牌
周氏蝦卷

創業於 1965 年的周氏蝦卷，或許不是台南最老資格的店家，卻肯定是企圖心最強的店家之一。從第二代開始便積極將現代化設備與經營模式引進自家小吃店，建立 SOP，於是紅色制服逐漸成為周氏蝦卷的正字標記，安平運河旁的總店成立之後，生意興隆到甚至一舉帶動了附近發展，使得這一帶成為品牌林立的「名產一條街」。

話說回來，最初促使周氏蝦卷揚名立萬的畢竟不是經營手腕啊，既然是以小吃起家，當然口味才是賣點。

達人這樣吃

▶ 從豬捲起家再到蝦卷，不變的是濃郁的滋味。

▶ 現場吃不夠，冷凍包還可以讓你回家繼續回味。

▶ 時間不夠吃遍大台南，來周氏蝦卷，可以一網打盡。

周氏蝦卷創始人周進根先生原是替人辦桌的總鋪師，但因為也不是每天都有人辦喜事請喝喜酒嘛，沒外燴生意的時候，為了能多賺點錢，周進根會趕在一大清早就到菜市場擺攤賣熟食，傍晚則到如今的總店附近擺攤賣擔仔麵。誰想得到賣著賣著，其中一道原是以高麗菜與豬肉做成的小菜「肉捲」竟也漸漸賣出口碑，生意越來越好，於是小菜變成主角，副業成主業。

是啊！如今聞名遐邇的周氏蝦卷最早是賣豬卷的，可不是蝦哩！周家的豬卷賣了好些年後，因應消費習慣改變，健康概念興起，才又把內餡從油脂含量高的豬肉改良成口感清爽的整隻火燒蝦，但還是佐以魚漿與豬絞肉，又以美味關鍵「豬腹膜」包裹啦，所以周氏蝦卷的特色就是滋味濃郁。

另設有伴手禮專區，主力商品包括蝦卷、魚丸等都備有冷凍包可供打包回家，吧台連芒果冰都有得買，旅行時間不太充裕的遊客可以在這裡完成大部分需求，算是設想周到的店家。

愛吃鬼 MAP

✉ 台南市安平區安平路408之1號

☎ 06-280-1304

🕐 10:00 ～ 22:00

🌙 無

等級：★★★★☆

民權路四段

安平路370巷3弄

周氏蝦卷
★

作者說...

還有肥美碩大的
蚵仔！

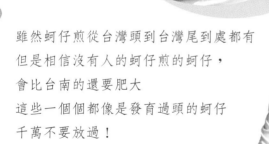

雖然蚵仔煎從台灣頭到台灣尾到處都有
但是相信沒有人的蚵仔煎的蚵仔，
會比台南的還要肥大
這些一個個都像是發育過頭的蚵仔
千萬不要放過！

就算吃很撐，也要來一盤！

和肉燥過從甚密的蚵仔煎
石精臼蚵仔煎

達人這樣吃

▶ 煎得金黃焦香的雞蛋。

▶ 感覺一下爽脆的豆芽菜。

▶ 找出蚵仔的好朋友——肉燥的美味。

▶ 香菇飯湯千萬不能忘。

　　台南小吃何其多，「都到了台南了，有必要特地跑這麼遠，只為嘗一盤好像哪兒都嘗得到的蚵仔煎嗎？！」如果你也這麼想，可就要錯失一嘗美味的機會啦，因為這裡的蚵仔煎還真的有點不一樣。

　　首先，石精臼蚵仔煎承襲古法製作，從下油、鋪上蚵仔、打蛋、澆淋粉漿，乃至於青菜的鋪撒，然後蓋上鍋蓋悶煎等，無一不是多年經驗的累積。

◀在肉燥好朋友的加持下,蚵仔煎
　讓人欲罷不能。
▼除了香菇飯湯之外,也有其他湯
　品可供選擇。

　　蚵仔煎採用不見其油已聞其香
的豬油煎製,配菜除了鮮嫩的小
白菜之外,還多添加了豆芽菜以
增加口感,雞蛋也煎得金黃焦香,但最與眾不同的,還是配料部分竟然加入了肉燥!

　　肉燥之於台南,猶如起司之於西式料理。起司除了配漢堡,還可以搭沙拉、入蛋糕、
做焗烤……是西餐的好朋友。但台南的肉燥何嘗不是千變萬化、瑞氣千條,澆飯配
粥無一不搭呢,連蚵仔也可以密切連絡。老闆說,你不知道肉燥去腥才是剛剛好啊!

　　鹹甜鹹甜的肉燥搭配上火候得宜、肥嫩飽滿的蚵仔一同送入口中,口感濃郁卻又
層次豐富,酸甜的醬汁則又同時具備解膩與促
進食欲的功效,讓人總能
一口接一口,欲罷不能。

　　別忘了,石精臼蚵仔煎
的「香菇飯湯」也是必嘗
美食。請注意,是香菇飯
湯,不是湯飯喔。顧名思
義,雖然加入了熟白飯,
這還是一道湯品。豐富的配
料包括:香菇、筍絲、五花
肉,與去殼鮮蝦兩隻。湯頭
鮮甜爽口,形式令人聯想起
日式湯泡飯,卻是台南的傳
統醬油風味,歐意喜~

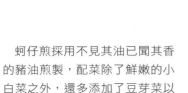

愛吃鬼MAP

✉ 台南市國華街三段182號
☎ 06-223-5679
🕐 07:30～19:30
🌙 不定休
等級:★★★★

民族路三段
國華街三段
★
石精臼蚵仔煎
西門路二段307巷

發育極好的肥美蚵仔
古堡蚵仔煎

達人這樣吃

▶ 每天新鮮配送的蚵仔，大口大口吃吧！

▶ 甜辣醬與珍珍膏兩味沾醬，挑戰你的味覺極限。

▶ 分量多到爆炸的蚵仔湯，也來一碗吧！

創始人王銀桂出身基隆，嫁到安平後，定居先生老家古厝，才開始學做古早味。做著做著做出心得，便在老家旁邊擺上大鐵盤，開始煎起蚵仔煎，然後一煎就是四十年。

安平外海就是台灣蚵仔的主要產地，位於安平的古堡蚵仔煎占盡地利之便，每天都會有合作的蚵農把剛剛才去殼的蚵仔補貨到門口，所以這裡的蚵仔真是永遠最新鮮。

菜單非常簡單，都到了安平，當然要大口吃蚵仔。主食材除了蚵仔，只有蝦仁和雞蛋，品項就是這三種材料的排列組合。不吃蚵仔又對蝦子過敏的話就是蛋煎，或者也可以貪心一把抓，管他蚵仔還是蝦呀，好吃就統統煎起來吧！那就成了綜合煎。

◀ 蚵仔的個頭大成這樣，實在是太犯規了！

◀ 超級簡單的菜單，吃蚵仔就對了！

　　搭配的沾醬有兩種，除了甜辣醬，還多配了風靡台南的珍珍膏，愛吃甜的台南人真是很喜歡這種甜味鮮明的醬料。上桌時是以兩種沾醬各占一方的方式呈現，建議就這樣吃吧，譬如從右邊開始的話是鹹甜的油膏口味，半途想要換個味道時則可改由盤子的左邊下筷子，因為如果調味料全混在一起會顯得非常奇異啦。

　　湯品毫不意外的是蚵仔湯，但湯裡的蚵仔分量則是教人想不下巴掉下來也難啊！整體量多不說，蚵仔更是好像從小就偷吃類固醇長大的運動選手一樣，每一顆都碩大肥美得令人不知所措。

　　發育過度的蚵仔本身已經很肥很甜了，所以湯的調味很簡單，一點點細薑絲去腥，外加少許酸菜提味，佐蚵仔煎食用，會有好像才一餐就吃完一年份蚵仔的錯覺。這是在產地才能體驗的滿足啊。

⊠ 台南市安平區效忠街85號
☎ 06-228-5358
🕘 09:00～19:00
🌙 週三
等級：★★★★⯪

愛吃鬼 MAP

效忠街　　古堡街

★ 古堡蚵仔煎

國勝路　　古堡街

安平路

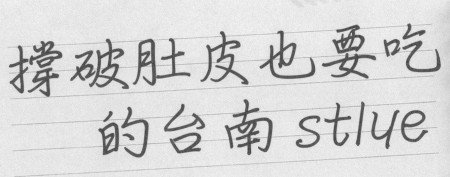

撐破肚皮也要吃
的台南 stlye

順天肉燥飯 • 富台8號肉燥飯 • 石精臼肉燥飯 • 首府米糕

榮盛米糕 • 矮子成蝦仔飯 • 明卿蝦仁飯 • 葉家小卷米粉

三富小吃店 • 度小月 • 阿娥意麵 • 公英意麵 • 劉家莊牛肉爐

圓環牛肉湯 • 阿明牛肉麵 • 鄭家牛肉湯 • 阿美飯店

竹記鴨肉專賣 • 巴人川味

台南肉燥飯的第一名！

中西區 海安路一段 97

順天肉燥飯

達人這樣吃

▶ 肉燥的肥肉在口中呈現的，竟然是甘甜味！

▶ 吃飽要離開時，記得再外帶一個燒肉便當加香腸。

▶ 燒肉用酒醃漬過，吃來還有淡淡酒香呢！

這也是沒有店名的老店，若是打從創業開始算起，資歷已經累積八十年。不過招牌還是很低調樸素，只寫著肉燥飯、燒肉飯，順天是老闆的名字。

說到肉燥飯，至少在台南，肉燥最普遍的做法，是把五花肉或三層肉，連皮、帶肥、帶瘦肉切成方丁或長方丁爆炒去油，再以醬油、（冰）糖、水調味燉煮，料理步驟基本上大同小異，但口味還是大有差別，當然差就是差在滷肉的技術了。

入口即化沒什麼了不起的，但它在融化的過程中，竟然釋放出了甜味！各、位、觀、眾（周星馳語氣），這才是神奇的地方呀！

◀強烈建議，要離開台南之前都要
　來包一個燒肉便當。
▼在炭火上烤得表皮焦脆的香腸，
　也記得外帶。

　　肥肉的膠質與溫潤的質感向來是肉燥
菁華之所在，肥肉如果放得不夠，吃起
來不是太稀薄就是柴，但肥肉若是放得
多了卻不夠入味，也容易令人感到噁膩而食不下嚥。

　　順天肉燥飯的精妙之處，在於肥肉部分於口中化開時，自然流露的完全不是油感，
也不是膩感，而是甘甜味呀——令人匪夷所思的甘甜味！就是在入口的瞬間、忽然
察覺這一口還真是美味得令人眼睛一亮的同時，卻又不禁納悶「這甜是來自哪裡
呢？」

　　「肥肉？！」過了一秒才恍然明白，甜味源於肥肉之際，則又忍不住抱頭驚訝於，
「怎麼會是肥肉！肥肉怎麼可能會這麼香甜！」正在百思不得其解的時候，就吃到
了瘦肉的軟滑。

　　是的，順天肉燥飯真的就是如此
這般層次豐富又富戲劇化，好吃到
吃飽喝足之後還要外帶燒肉便當，
而且非常厚臉皮的要求加香腸。以
酒醃漬過的燒肉烤過之後散發著淡
淡酒香，搭配使用炭火加熱，所以
表皮焦香口感實在的香腸，好吃到
想鼓掌。強烈建議旅客要離開台南
前，都該來順天包便當呀，何況價
錢又便宜，大概才是高鐵便當的五
折，但美味程度是無數倍喔！

　　私以為，順天肉燥飯是台南最好吃
的肉燥飯，第一名！

愛吃鬼MAP

府前路二段　海安路一段
郡西路　保安路
　　　　　　　　順天肉燥飯
大仁街　　　　　★

✉ 台南市中西區海安路一段97號
☎ 無
🕐 09:30～20:00
🌙 休日：無
等級：★★★★✰

媲美鰻魚飯的美味肉燥

富台8號肉燥飯

達人這樣吃

▶ 別被落落長的菜單震懾，鎖定虱目魚湯和肉燥飯就對了！

▶ 媲美鰻魚飯口感的肉燥，記得在嘴裡多停留一下。

▶ 好好感受一下米飯和濃稠滷汁的完美搭配。

▶ 發揮創意搭配自己的虱目魚湯吧！對了，不夠可以加湯喔！

這也是一家沒有名字的小店，只好又用門牌地址富台新村8號當成店名以茲區別。

在台南，像這樣連店名都覺得無所謂的小店，常有個共通點是……服務並不特別親切。想來大概是因為本來開店都只是想作鄰居生意、提供街坊新鮮方便的小吃而已，從來不是為了觀光客或什麼觀光財的，何況外地客人變多了，店內反而顯得人手不足總是忙不過來也很煩吧，因此沒空陪笑複誦歡迎光臨之類的，其實也很合理。

◀媲美鰻魚飯的肉燥，讓人口水直流。
▼必點的虱目魚湯，要魚皮、魚肚還是魚丸，自己選擇。

　　富台8號肉燥飯，雖然牆上的菜單乍看有一大片、品項好像很多元，但說穿了其實就是虱目魚湯和肉燥飯而已。

　　但台南小吃迷都知道，店家菜單越單純才是越是好味道。深褐色肉燥淋上白飯就是富台8號招牌肉燥飯，無須多餘配料，簡簡單單，端上桌時，可以看到肉燥仍然維持著完整粗四方丁的形狀，似乎和下鍋前的狀態差距不大，但要吃進嘴裡才會驚訝地發覺：天啊，肉燥口感竟然如此柔軟！

　　不誇張，口感真的媲美鰻魚飯，膠質豐富的滷汁，混以肉丁和米飯一同咀嚼，可以充分體會肉燥之柔軟，以至於米粒甚至深深陷入肉燥之中，然後與徘徊於舌頭與上顎之間的濃稠滷汁完美融為一體！滋味美妙的差點捨不得吞進肚子裡。私以為，富台8號肉燥飯絕對是全台南最好吃肉燥飯前三名呀！

　　不遑多讓的虱目魚湯的搭配方法多樣，以大骨湯為底，湯料可自選肥美魚皮、無刺魚肚，或彈性十足的魚丸，分量都滿多的，不夠還可以加湯。

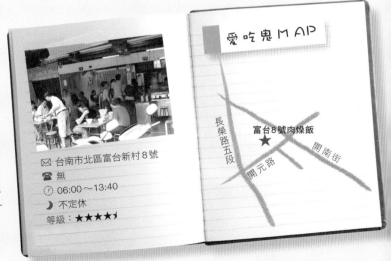

愛吃鬼MAP

✉ 台南市北區富台新村8號
☎ 無
🕐 06:00～13:40
🌙 不定休
等級：★★★★☆

長榮路五段　開南街　開元路　富台8號肉燥飯 ★

台南特有的「飯桌仔」文化

石精臼肉燥飯

中西區 民族路二段 224

達人這樣吃

▶ 傳統的「飯桌仔」飲食文化,一定要來體驗一下。

▶ 仔細看看鋼盤上的菜色,有許多在地菜色,可是別的地方吃不到的呢。

▶ 肉燥飯永遠是焦點,鹹甜滋味非常下飯。

石精臼本該寫作「石舂臼」。「舂」讀作ㄔㄨㄥ,是一種石製容器,主要用途是搗碎穀粒。在赤嵌樓和西門路之間,也就是從開基武廟一路通往開基天后宮的新美街,早年是碾米廠聚集之地,所以又被暱稱為米街。

有碾米廠的地方當然會有碾米工人,工人費力勞動之後需要馬上補充能量吃吃喝喝,而且不能太貴,於是一種滿足勞動人口所需的「飯桌仔」便由此而生了。

石精臼肉燥飯是附近僅存兩家飯桌仔之一,原本在廣安宮前的石精臼廣場開業,後來因為地主決心收回土地,才搬到二十公尺外的現址。但不知是搬家過程匆忙,或真的覺得無所謂,同地址之前店家「泰山飯店」的招牌,即使顏色褪色得幾乎看不清楚,

▶你沒看錯，外面的招牌還是
30年前舊店家的招牌，這
就是石精臼肉燥飯的所在。
▼每家都有自家的肉燥配方，
共同點是每鍋都這麼讓人垂
涎三尺。

▲只要這麼一碗飯，再選一兩個菜色，
　來碗湯，豪華美味套餐就出現了。

卻還掛在店外一、二樓之間，都過三十年了喲！反倒是寫有「石精臼肉燥飯」的新
招牌，還得走進騎樓才看得見。

　　「飯桌仔」是台南特有的飲食文化，可以説是自助餐店的前身吧，店頭L型不鏽
鋼平台就是餐檯。餐檯上，炭爐一爐一爐櫛比鱗次，爐上各自躺著鋼盤，盤上則是
保持溫熱的配菜，譬如香腸、蝦卷、白菜滷，還有酸菜草魚、鹹魚五花肉等老台南菜。
菜色大概就是十幾種，當然比不上時下自助餐動輒三、五十種變化多端啦，但傳統
口味卻是其他地方不容易吃到的。

　　至於最菁華店內的
肉燥飯，是用帶皮豬
五花或後腿肉，粗切
成稍大的丁塊狀後，
以醬油與冰糖長時間
慢火燉煮而成，肉燥
湯汁濃郁、色澤深，口
感油潤，味道鹹甜，其
實光是肉燥飯就好吃極
了，加點兩個小菜，再
來碗湯，説是豪華小吃
套餐都不為過。

愛吃鬼MAP

新美街　赤崁街151巷　赤崁街

★ 石精臼肉燥飯

民族路二段

✉ 台南市民族路二段224號
☎ 無
🕐 06:00～14:00
🌙 無
等級：★★★★

王建民的最愛

中西區 中正路 **72**

首府米糕棧

創立於清末光緒年間的首府米糕棧，現已傳至第四代。第一代是從中山路上挑擔子沿街叫賣油飯的小攤子起家，日治時期才搬到現在中正路上營業至今，取名「首府」，是希望能以首府米糕棧作為台南特色小吃首選。

不曉得有多少人會將首府米糕棧與台南米糕畫上等號呢？不過在連續兩年創下美國職棒大聯盟單季19勝紀錄的大投手王建民心目中，首府米糕棧還真的是第一名喔！據說每次返台時都一定要吃這裡的米糕解饞。

達人這樣吃

▶ 濃純不油膩的肉燥，搭配醃小黃瓜，超級爽口。

▶ 記得也順便買個滷丸或鴨蛋喔！

▶ 外帶造型沿用古早的習慣，依舊用竹葉打包，更添了一股淡淡清香。

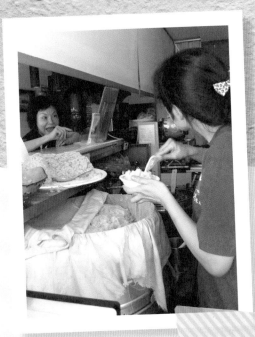

▲就是這一鍋，費時費工的肉燥，整碗米糕的主角。

　　首府米糕棧以利用木桶炊熟的尖頭老糯米為底，米糕上頭會加上滿滿魚酥，肉燥則選用三層肉，製作時要放入鍋中翻炒，直到肥油都逼出來，才添入蔥頭、醬油、糖和水一同燉煮，此外不再添加過多辛香料，因此口味濃純又不油膩，搭配醃小黃瓜片更爽口。

　　米糕的外帶包裝也很有特色，完全是沿續古早作風，畢竟一百年前可是沒有便當盒或塑膠袋可供打包啊，前人的智慧就是用當年唾手可得的竹葉打包米糕。時至今日，首府米糕棧則是選用來自嘉義、苗栗山區的桂竹葉，將外帶米糕做成三角扁粽，不只造型復古有趣，吃的時候也會多出竹葉的淡淡清香，這時再搭配十分入味的滷丸或鴨蛋，看似分量不多，卻也足夠讓人心滿意足。

　　也難怪王建民會忍不住人在美國卻心繫米糕棧了呀！

✉ 台南市中西區中正路72號
☎ 06-226-3516
🕐 10:00 ～ 20:00
🌙 每月第二、第四個週一
等級：★★★½

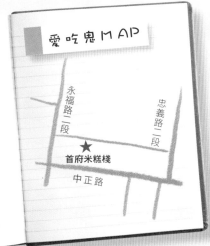

愛吃鬼MAP

永福路二段

忠義路二段

★ 首府米糕棧

中正路

登上國宴的經典小吃

榮盛米糕

第一代創始人郭老得於民國 27 年前後，向親戚石精臼蔡家米糕的創始人蔡戊己習得製作米糕的技術之後，就到沙卡里巴開業了，後來傳攤給郭天順、郭天恩兄弟，目前由二、三代共同經營。

2002、2004 年連續入選總統府國宴小吃的榮盛米糕，對於料理的用心是從選料就開始了。首先是做為米糕本體的糯米，總是要在每天春天就先採購當年的長糯米，大約四月就入庫的新米，卻會擱置到九月後才烹煮，以

達人這樣吃

▶ 耐蒸的舊米，香 Q 入味。

▶ 依循古法製作的肉燥，得熟成 2～3 天喔！

▶ 用料不惜成本的老闆，魚鬆乃是特製的鮪魚鬆呢。

▶ 那麼多種丸子湯，不知從何下手，就來碗綜合湯吧！

米糕	魯蛋	魚丸湯	菜丸湯	貢丸湯	綜合湯 冷凍米糕 歡迎訂購
40元	10元	20元	20元	20元	20元

◀看了讓人口水直流的肉燥，遵循古法馬虎不得。

降低生米的含水量，因為新米易爛，舊米才耐蒸，炊蒸之後的米糕也才更顯香Q。

　搭配米糕的肉燥是選用豬後頸肉，先以蔥、蒜炒香、黑豆醬油等調味，小火熬煮之後，再依古法靜置二到三天，待肉燥熟成，才添加埔里香菇與滷蛋等燉成肉燥鍋。

　其他配菜還包括口味微酸、很開胃的漬蘿蔔片、滷土豆仁，和魚鬆。榮盛米糕的魚鬆很值得一提，是因為這魚鬆可不是一般來源不明的魚鬆，而是特製的鮪魚鬆呀！雖是小吃，但用料很高級喔！所以鮮味十足，又少腥味，鬆散的質感正好排解了肉燥的油膩，一起入口，更顯爽口。

　店內的主商品只有米糕一樣，湯品倒是有魚丸、菜丸、貢丸湯，都想嘗試的話可要求綜合湯。覺得吃飯沒小菜太寂寞，則歡迎到隔壁「詹家阿財點心」黑白切。兩家店共生共榮，同時在這攤享用隔壁的美味，早已是共同默契了，來客請無須害羞。

愛吃鬼MAP

榮盛米糕 ★

海安路一段　中正路　國華街二段　友愛街　尊王路

✉ 台南市中正路康樂市場106號
☎ 06-2283564
🕙 10:00～19:00
🌙 不定休

等級：★★★★

蝦仁飯界的扛霸子

矮仔成蝦仁飯

達人這樣吃

▶ 每天捕撈的超新鮮火燒蝦是整晚飯的靈魂。

▶ 加上半熟鴨蛋，豪邁的戳破蛋黃，讓蛋黃流出，才是饕客吃法。

▶ 畫龍點睛的鴨蛋，可是天天吃蝦長大的鴨子生的呢。

　　蝦仁飯也是台南的原創小吃。發明人姓葉名成，日治時代曾於日本料理餐廳「明月樓」當學徒，後來自行創業，因為學的是日本料理，當然就由日式料理的小攤販開始做起。

　　不少台南老牌小吃當初都是這樣從一人打理的小攤慢慢累積而成品牌的呢！

　　郭台銘曾說這時代的年輕人創業都只想開咖啡館，那麼上世紀初的台南年輕人大概都最嚮往靠手藝掙一口飯吃吧。

　　也想靠手藝拚勝負的葉成想到了，可以利用日式料理常見的高湯泡飯，搭配安平港盛產的火燒蝦，便這樣開始賣起蝦仁飯。然後又因為他的個子不高，加上葉成以台語

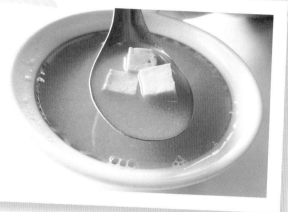

◀可別小看這個煎蛋，他可是鑑定老饕的門檻啊！
▼想搭配碗湯，味增湯、鴨蛋湯、蛤仔湯任君挑選。

發音也有諧音之效，總被客人喚作「矮仔成」。矮仔成、矮仔成……綽號喊久了竟然也就真的成為蝦仁飯的扛霸子。

　　每天撈捕又新鮮剝殼的火燒蝦仁是矮仔成蝦仁飯的美味關鍵，蝦仁除去腸泥後以蔥段爆香，米飯則添入柴魚高湯充分拌炒，於是入口滿是鮮甜味，加上蔥香四溢的蝦仁，真是口齒留香。

　　老饕吃法是除了蝦仁飯之外，還要加點一個半熟的煎鴨蛋喔，把蛋鋪到飯上後，不要客氣，就把蛋戳破吧！讓濃郁的蛋黃順勢沾覆到米粒，然後才大口扒飯，這時你會驚訝的發現，不過是加多一個鴨蛋，滋味竟然馬上提升，令你眼睛都亮了，鴨蛋真是好神奇呀！

　　更神奇的，是提供店裡的鴨蛋的蛋鴨，就是吃蝦長大的喔。每天大量消耗鮮蝦的矮子成都會回收富含甲殼素蝦殼和蝦頭，送至養鴨場，用來餵養鴨隻，再利用鴨蛋入菜或做成鴨蛋湯。環保之餘，也是營養不落外人田吧。

矮仔成　專賣店
www.ahrimprice.com.tw

湯	
味噌湯	10
鴨蛋湯	20
蛤仔湯	30

飯		菜	
蝦仁飯	40	皮蛋豆腐	30
肉絲飯	30	蒜泥白肉	30
綜合飯	55	燙青菜	20
親子丼	45	古早味香腸	20
		香煎鴨蛋	10

飲	
可　樂	
汽　水	15
芳　達	15
礦泉水	10

✉ 台南市中西區海安路一段66號
☎ 無
🕚 11:30～20:00
🌙 不定休
等級：★★★★

愛吃鬼MAP

海安路一段

大勇街

★ 矮仔成蝦仁飯

大德街

大德街

建安街

海產粥 每份 120
每週一公休
蝦 捲 每份 50 (二條)
價97年7月調整

不同招式的蝦仁飯
明卿蝦仁飯

達人這樣吃

▶ 用洋蔥拌炒的蝦仁飯，一定要試試。

▶ 雖然飯被蝦仁蓋住了，但充滿豬油香氣與高湯美味的米飯，還是很搶戲。

▶ 點的菜上桌時，先讚嘆一下老闆給料的豪氣吧！

　　台南蝦仁飯的做法可以概略地區分為兩款，一款是包括「集品蝦仁飯」的矮仔成系列，以蔥爆蝦仁為主，炒香過的青蔥香氣十足，口味較重。經營約四十年的明卿蝦仁飯則是另一款。

　　差異一目了然，因為明卿蝦仁飯的配料甚至連半點綠色都看不到。這裡的蝦仁飯也拌蔥，但拌的是相形之下較為清甜的洋蔥。

　　鍋底下豬油後，放入一把切丁洋蔥，略炒香後，則又一是一把抓，只是這次下的不是任何種類的蔥了，而是分量不亞於洋蔥的蝦仁，再下調味，與洋蔥一塊兒拌炒到變色，即可起鍋了，免得蝦仁過熟。

◀ 炒烏龍麵也是沒再怕料多的。

▼ 湯麵當然也是要海鮮料多到看不到麵條才行。

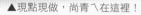

▲ 現點現做，尚青ㄟ在這裡！

　　完成蝦仁的準備，緊接著是炒飯。明卿的蝦仁飯顯得特別濕潤油亮，是因為飯會先以豬油拌炒才澆上高湯。待米飯吸飽湯汁即可盛起，與蝦仁一同上桌。

　　明卿所有飯菜都是現點現炒，菜單所需食材，譬如炒蝦仁飯需要的火燒蝦，與鍋燒的魚、蝦都是當天清晨才剛購入，新鮮不在話下，但重點是這裡的餐點盤盤豪氣呀！光是從蝦仁飯的蝦仁竟然鋪滿碗口，徹底把米飯淹沒，即可得知老闆有多不小氣了。其他像是炒意麵和炒烏龍麵，一樣是配料豐富得比麵多，結果倒比較像是吃料配麵，而不是吃麵配料這樣。保證大碗滿意喔！

愛吃鬼MAP

明卿蝦仁飯 ★

西門路二段

民族路三段　　　民族路二段

新美街 125 巷

✉ 台南市中西區民族路二段 270 號

☎ 無

🕐 11:30～20:00

🌙 週一

等級：★★★★⯪

幹掉烏魚米粉的狠角色

葉家小卷米粉

達人這樣吃

▶ 媲美米台目的特粗「糙米粉」，既耐煮又有口感。

▶ 充滿小卷鮮甜與海潮鹹香的無敵湯頭。

▶ 隱藏版美食小卷卵，記得跟老闆探詢一下。

其實葉家小卷米粉最早是創立於中正路、國華路街口，後來因為都市更新計劃，國華街拓寬，加上二代師傅葉水龍兒子接班意願不高，竟一度使得葉家小卷米粉面臨無以為繼的重大危機。還好後來本店師傅施武雄決意接手這款由葉水龍老先生發明的小吃，才在中華西路上另起爐灶「施家小卷米粉」。

只不過老客人似乎還是習慣葉家的口味呀，聲聲呼喚下，第一代葉水龍終於帶著葉家第三代重出江湖！

說起小卷米粉的起源？早年經營烏魚米粉的葉水龍表示，當年偶然在安平漁港看見滿載小卷而歸的漁船，便忽然靈機一動，想到也許可以和米粉一起食用？結果試

◀ 店家特製的粗米粉，即便久煮也能維持口感。
▼ 切得大塊大塊的小卷，全年盛產，不怕吃不到。

做之下，還真的一舉研發出這道湯頭鮮美的特色點心。全年盛產的小卷米粉也就從此取代了季節性太強、容易斷貨的烏魚米粉。

搭配小卷的米粉還是特地向米粉廠訂製的尺寸媲美米台目的特粗「糙米粉」，所以口感特殊，又耐得起久煮。

豪邁切大塊的小卷新鮮Q彈，湯底則是汆燙小卷的同鍋鮮湯，當然完全保留了小卷原有的鮮甜與海潮的鹹香，少少的芹菜和白胡椒粉則是畫龍點睛。

若造訪期間正巧落在小卷的繁殖季節——秋冬之際，可別忘了還可以試著向老闆要求隱藏版美食「小卷卵」喲，淡黃色的小卷卵口感特殊，說是筆墨難以形容也不誇張，是在其他地區非常不容易嘗到的地方美味，也是大導演李安每回返台南時必吃小吃，有機會請務必一試啊！

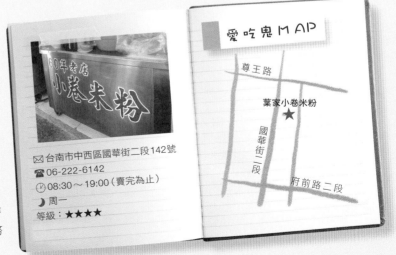

愛吃鬼MAP

☒ 台南市中西區國華街二段142號
☎ 06-222-6142
⏰ 08:30～19:00（賣完為止）
🌙 周一
等級：★★★★

尊王路

葉家小卷米粉 ★

國華街二段

府前路二段

顛覆你對排骨飯的想像

三富小吃店

大同路一段有一家小吃店叫做「上富小吃店」。上富、三富?「兩家店有關係嗎?」店名雷同不是巧合,兩家還真的是兄弟,上富是大哥的店,三弟則開了三富。

三富小吃店的品項很簡單,就是排骨飯、炸肉飯和咖哩飯。但深度卻很不簡單喔!尤其是顛覆排骨飯常識的排骨飯,主菜竟然不是印象裡的炸排骨,或是了不起費工一點會先炸再滷的帶骨肉片,而是夾帶軟骨的子排。

子排大約是豬肋排的後段位置的排骨,重點是,老闆給的肉很大塊,肉這麼厚一塊,卻滷得恰到好處,入味程度極佳,甜鹹平衡,肉排肥瘦比例以完美形容也不為過,吃

達人這樣吃

▶ 三富的排骨飯,使用夾帶軟骨的子排,大大顛覆腦海中的排骨飯印象。

▶ 排骨飯的酸菜,是老闆自製,更是好吃又解膩的最佳配角。

▲看看一旁的沙拉，還添上大紅鮮蝦一尾，
色香味俱全呢。

▶咖哩飯也很美味下飯！

得到瘦肉，但瘦肉與瘦肉之間的肥肉夾層所流出的油脂，則又猶如醬汁似的，正好彌補瘦肉韻味的不足。

排骨飯的配菜有黃色醃蘿蔔片和酸菜，酸菜是老闆自製的，好吃又解膩。

只看名字，一瞬間還不太能理解的「中食」，其實就是日式定食的概念，只是不真像日本那麼講究餐具還一格一格分好，台式日食就是要統統放在一個盤子上才是愛台灣呀！（咦？）

中食的菜色十分豐富，有炸豬排、魚排，配上由高麗菜絲、小黃瓜片與美乃滋組合而成的生菜沙拉，還外加大紅色鮮蝦一隻，是不是鮮豔又美麗呢！

三富小吃店的排骨飯真是好吃極了，如果你只能點一樣，請吃你一定要吃吃看排骨飯，這麼香嫩的排骨肉很是難得啊，錯過可不保證找得到別家喔。

錯過不一定能在遇到的排骨飯，一定要吃吃看。

愛吃鬼MAP

✉ 台南市中西區海安路一段127號

☎ 無

🕐 11:00~20:00

🌙 不定休

等級：★★★★☆

麵食也好美味！

經過了肉燥飯、米糕等台南著名的米食小吃洗禮之後

相信你一定一邊摸著肚子一邊說，嗯，好飽！

但是，台南的美食，現在才進行一半而已，現在就飽了怎麼得了！

還有鼎鼎有名的台南意麵還沒嘗呢！

黃澄澄的麵條，配上肉燥，無敵美味。

還有精巧，美味卻一點也不馬虎的擔仔麵，一定也要在發源地好好嘗過

一回才是！

意麵的速配好夥伴

滷味：
鹹香的滷味是伴著肉燥香的意麵的最佳夥伴。

湯品
意麵，一定要配一碗清爽的湯才對味。

米血
除了滷味不要忘了滷味台深處的米血啊！

從清朝到民國，大家都愛這一味

中西區 中正路 16 **度小月**

達人這樣吃

▶ 爽口的瘦肉燥和蝦高湯，相得益彰。

▶ 沒有最後擺上的火燒蝦，就不是台南擔仔麵了。

▶ 留一口湯，最後乾掉，你就會知道何謂人間美味。

　　仔細想想，「昏黃燭光下、在矮灶上煮麵、坐板凳上吃麵」，以這般場景來想像古早味的台南，其實是很符合邏輯的事啊！畢竟，度小月的發展過程和台南的近代化歷程幾乎可以畫上等號。

　　想當年……嗯哼，請注意，度小月的想當年可是一時光倒退就退到了男人都得綁辮子的清光緒年間喔。

　　想當年，差不多是 1895 年吧，發生了兩件大事，一是簽訂馬關條約，台灣遭割讓日本，二是台南有位名叫洪芋頭的漁民決定把握颱風季節無法出海捕魚的空檔，挑著扁擔到台南水仙宮廟前賣麵，俗稱「擔仔麵」，又因為這生意是為了挨過淡季

▲沒想到原本只是一個漁夫兼著賣麵度過捕魚淡季的謀生方法，最後竟然成了家喻戶曉的美食，真正的美味，果真不怕改朝換代。

◀從男人還要剃頭留長辮子的清朝，度小月就已經開始賣擔仔麵了。

才開始的，便自稱是度小月，合稱「度小月擔仔麵」。

　　前者關係到領土主權轉移，是全台灣的大事當然是沒話說，但後者也不能不說是大事是因為……因為到了連馬關條約與清帝國都早已灰飛湮滅的現在，可是只有洪家的擔仔麵自時間的滾滾洪流中挺了過來呀！時至當代，甚至還從路邊小吃攤縱身一躍跳上國宴主桌，已經是上得了台面的堂堂菜色，確實也是成就一件吧。

　　分量精巧的度小月擔仔麵強調「呷巧不呷霸」，小分量的麵條稍微燙過便起鍋，配上豆芽、香菜，淋上以甜蝦頭熬成的金光閃閃黃金高湯，再加上爽口的瘦肉燥，以烏醋、蒜泥調味，最後再擺上安平港必備火燒蝦一尾，就是從清末到民國、平民到領袖，跨時代又跨階層的香噴噴擔仔麵。

　　因為鮮蝦湯頭是特色，記得完食前要留一口在碗底，到最後再一口乾掉耶，鮮甜於是口齒留香，就和度小月的故事一樣，值得回味。

✉台南市中西區中正路16號
☎06-223-1744
🕐11:00～23:30
🌙無
等級：★★★✦

愛吃鬼MAP

中正路4巷

中正路二段

忠義路二段

度小月
★

中正路

小小麵條藏著真功夫

阿娥意麵

開業三十多年，現已傳到第二代的阿娥意麵，原本開在成功路與西門路巷口，曾經也是一家連名字也沒想到該取一個的無名小店，目前所使用的黑底白字招牌還是近年才新做的。

賣的東西很簡單，品項只有乾麵、湯麵、餛飩麵，阿娥意麵真的就是一家老實的麵食店，主角是汕頭意麵。

但也因為是一家麵店，老闆娘特別重視麵條口感，使用細長形狀麵條，乍看很像是普通的陽春麵，但實際加熱煮熟後的差別立現，口感更紮實，嚼勁佳，即使吃麵時動作慢，使麵條在熱湯裡多泡了一時半刻，彈性也能大致維持不至於軟爛，真是慢食族的救星！

達人這樣吃

▶ 想試試老闆的麵條的真功夫，點一碗湯麵慢慢吃！

▶ 再加上綜合湯，剛剛好飽餐一頓。

▶ 飯後來杯店裡的杏仁茶，完美的 Ending！

意麵	乾麵	湯麵	餛飩麵	餛飩湯類	餛飩湯	餃湯	魚丸湯	魚合湯	味隨意
	大 45 小 35	大 40 小 30	50		25	25	25	25	

▲一碗綜合湯，魚冊、魚餃和魚丸都到齊了。
▶即使在湯裡多泡一會也不會失去口感的真功夫意麵條。

　　意麵要好吃，肉燥也關鍵。如果擔心關鍵的肉燥味道會被湯水沖淡，這時，乾麵是唯一選擇。

　　阿娥意麵的肉燥肥瘦相間，肥瘦比例大約三比七，做法是先炒出焦香味，再加入醬油和冰糖燉滷一小時以上使之充分入味。

　　營業時間時，都可以看到整大鍋肉燥就放在鍋炭爐上保溫，要知道這可是有學問的！因為高溫炭火會釋放出遠紅外線，遠紅外線的能量與瓦斯爐的太過直接的熱能完全不同，若以武俠小說作比喻，大概有點像是武力高人的內功吧，就是表面上看來平靜，但那股肉眼看不見的能量早已侵入鍋中，柔軟了食材，肉燥才能做到軟而不爛。

　　香噴噴的肉燥淋在意麵上，再加一點老闆娘自製的辣椒油和蒜泥，就是香氣四溢的阿娥乾麵，搭配可以同時吃到魚冊、魚餃和魚丸的綜合湯，足以飽餐一頓。餐後還可以來點麵店少有的杏仁茶作為飯後點心，出乎意料的好喝喔。

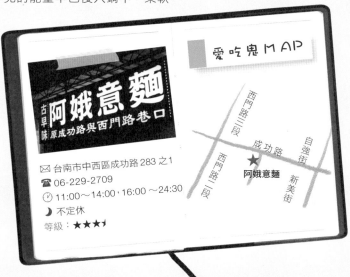

愛吃鬼MAP

古早味 阿娥意麵
原成功路與西門路巷口

✉ 台南市中西區成功路283之1
☎ 06-229-2709
🕐 11:00～14:00，16:00～24:30
🌙 不定休
等級：★★★☆

萬能的肉燥畫龍點睛

公英意麵

達人這樣吃

▶ 陳年肉燥，湯麵、乾麵還以小菜，
有了它都美味加分。

▶ 去切盤滷菜，老闆會淋上滷汁，哎
呀，特別提味呢。

▶ 發揮吃拉麵的精神，把意麵和肉燥
一口吸進嘴巴裡。

　　意麵之所以稱為意麵，有一種說法
是因為擀麵必須出力，而又由於人體
力學關係，人在用力時或多或少都會
發出聲音，譬如李小龍耍雙節棍時也
要「哇塔─哇塔─」地叫啊。

　　揉意麵時會發出的聲音則是「噫
──噫──」所以這麵就被叫做「意
麵」了。

　　意麵和非意麵比起來，最大的不同之處，是製作時會在高筋麵粉中加入普通麵條所
沒有的雞蛋，而且是加入大量雞蛋，以雞蛋取代原本和麵時慣用的水，所以呈現淡淡
鵝黃色的意麵又叫做「雞蛋麵」。

▶冷盤的滷味淋上熱熱的滷汁，增香提味超好吃。

▶這鍋陳年肉燥，就是即使沒有店名，仍舊吸引人前來的美味祕密。

意麵在台南特別受到歡迎，公英意麵也是這樣一家以意麵為主的小店，小小的店面桌數不多，全都坐滿了大約也就是二十人吧。

小店歸小店，小菜種類倒還算是齊全，譬如：鴨翅、海帶、豆干、豬耳朵，也算該有的都沒少了。向老闆點好滷菜後，老闆除了會把小菜逐一切好，重點是還會幫小菜淋上陳年滷汁！雖然早就準備好的小菜是冷的，但鍋子裡的滷汁是熱的，所以特別提味又不油膩。

小麵店的肉燥是萬能的，除了用以調味小菜，也是麵條靈魂之所在。不論湯麵或乾麵，都要靠這鍋陳年肉燥提味。

因為是不斷補充材料重複加熱，雖然有些帶皮肥肉還看得出四方形狀，但其實大部分肉燥、不論肥瘦，都已經和滷汁水乳交融在一起分不出你我了，所以口感尤其濃密啊，和彈性十分的細麵拌在一起一塊兒入口，一下子就能咻咻咻地吃掉大半碗喔。對呀，大口吸麵條的聲音是咻——咻——

✉ 台南市南區公英一街48號

☎ 無

🕐 視店家而定

🌙 不定休

等級：★★★☆

愛吃鬼MAP

中華南路一段33巷

公英意麵 ★

公英一街

天麟說…

因為牛墟，
讓台南有了最棒的
牛肉料理

牛墟，在過去是牛隻交易的場所，雖然現在已經成為一個大市集，
但是，因為地緣關係，讓台南溫體牛肉取得容易，
因此各路好手的牛肉湯就在街頭巷尾林立。

不論是傳了好幾代的老店，還是最近竄起的新興名店
不管是賣牛肉湯，還是牛肉麵，甚至是牛肉爐
清湯口味，還是紅糟口味，
台南的牛肉，因為新鮮，怎樣都好吃！

什麼？不能吃牛肉？
好吧！到時候就看看你能不能禁得住飄香湯頭的誘惑了！
要不然，偷吃一口就好，絕對讓你難忘。

兄弟聯手的超級美味
劉家莊牛肉爐

達人這樣吃

▶ 招牌牛肉爐，採用當日現宰牛肉，鮮度一流，讓人欲罷不能。

▶ 帶肉又帶筋的肉角，肉質濃郁Q彈有嚼勁，口感超過癮。

▶ 湯底加入紅甘蔗的天然甘味，清爽順口無負擔。

到了台南，牛肉是一定要嘗的。如果因為某些緣故（譬如睡太晚）錯過了牛肉湯當早餐的機會，請在午或晚餐之間挑一頓彌補回來吧，這時，請把劉家莊牛肉爐排在候補名單的最前面。

為什麼呢？一句話，因為夠新鮮。

老闆的哥哥就是肉商，所謂「肥牛不落外人田」呀，哥哥是宰牛的，弟弟又在賣牛，想當然，哥哥宰到的好肉都去到了弟弟那裡，也是兄弟情的一種展現吧。

上午九點多和下午兩點多，每天兩次，劉家哥哥會送出剛宰殺好的牛肉，然後於上午十一點與下午五點前送抵弟弟的劉家莊牛肉爐，再由弟弟親手發揮刀工，依部位不同而逐一切片或切塊。切肉的地方就在店門口，不怕人看，還真是新鮮看得見。

牛牛牛牛牛牛牛火心
肉肉尾肉肉腩腩鍋肝
爐爐爐大小爐爐料肚
大份小份每份盤盤大份
500元 350元 550元 400元 250元 500元 350元 150元
含爐底 含爐底

營業時間
早上11:00至晚上10點

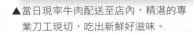

▲當日現宰牛肉配送至店內，精湛的專
業刀工現切，吃出新鮮好滋味。

　到劉家莊牛肉爐用餐必點當然是招牌牛肉爐。牛肉爐其實就是牛肉火鍋啦，火鍋湯底的主材料是牛大骨加上牛腩，所以不油膩又含鈣質、膠質，很營養。蔬菜部分除了洋蔥，比較特別是竟然加入了紅甘蔗，湯底甜味就是來自這天然的甘味，喝起來也就格外順口。

　主角牛肉就是依客倌喜好自由選擇了，看是要半筋半肉牛腩還是牛五花，都可以向老闆要求指定。強烈推薦的部位是帶肉又帶筋的「肉角」，因為質地較硬，上桌後就要先丟入鍋中煮上三十分鐘左右，換言之，肉角不是吃半生熟、也不是吃軟嫩的，但反過來說，肉角的彈性與嚼勁也絕非一般部位可比擬，肉味濃郁，吃進嘴裡真是非常過癮。

　而且數量有限，先搶先贏啊！

愛吃鬼MAP

✉ 台南市永康區正強街266-1號
☎ 0916-304387
☎ 11:00～22:00
☾ 每周一晚上公休
等級：★★★★

中正路
中正路
正強街
中正路127巷
中正路155巷
★ 劉家莊牛肉爐

紅糟口味牛肉湯第一名

圓環牛肉湯

台南因為近牛墟的關係,溫體牛肉原料取得容易,所以各種牛肉相關料理特別豐富,不只牛肉湯老店多,口味變化也多。常見的清燉、紅燒,應是各有所好。

但若要說到紅糟口味,想來還是圓環牛肉湯的紅糟羹口味最佳。

達人這樣吃

▶ 用碎肉捏製成的肉塊,帶點筋,多了咬勁更有個性。

▶ 紅亮紅亮的紅糟湯,一碗白飯可能不太夠。

▶ 想喝飲料?隔壁石蓮花汁好。

這裡的圓環指的是西門圓環,舊稱小西腳,是小西門的城門下的意思。而這個小西門的由來則可遠遠追溯至兩百多年前的清乾隆時期,當時要將原有的城改建為土城,便在旁邊多築了一個小西門,也稱為靖波門。直到民國 57 年,由於道路拓寬工程的必要,才不得已將小西門遷移至成功大學校區保存。不過老台南人還是習慣稱圓環這一帶叫做小西腳。

◀不想吃紅糟口味，或是想一起試
試其他口味，當然也有其他選擇。
▼漂亮的紅糟羹湯，讓人食指大動。

也許是因為小西腳附近歷史悠久，圓環牛肉湯第一代老闆娘也有個很古樸的名字叫做罔市，最初是因老公喜歡牛肉湯，才開始牛肉湯的生意，迄今營業超過 40 年，目前由二、三代同時協力營運。

圓環牛肉湯特殊的紅糟羹所使用的牛肉，是利用切牛肉片時所裁下來的碎肉，用手捏成球狀，裹粉後，先稍微氽燙成形，才放入紅糟羹中烹煮。這樣煮出來的牛肉口感軟嫩滑溜，但因肉質帶點筋肉，比起一般單純的牛肉片又會更多些咬勁，口感也更鮮明，搭配鹹甜的羹湯，一碗打盡紅糟香甜與牛肉鮮味，白飯吃光光。

✉ 台南市府前路二段153號
☎ 0910-743-200、0927-040-505
🕐 04:00～13:30
🌙 週二
等級：★★★★✦

愛吃鬼MAP

大智街29巷
大智街
府前路二段
康樂街
圓環牛肉湯
★

有自己特色的個性湯頭
阿銘牛肉麵

說到阿銘牛肉麵，不可能不提到他想要靠賣麵興學的故事。

由於自小失學，沒機會唸書的阿銘一直把這遺憾放在心裡，希望有朝一日能夠辦間學校，讓想唸書的孩子都有學校讀，結婚時也和老婆約定好，要把麵店的部分所得捐給當時正在籌備中的「新營資訊暨管理學院」。

這件事不知怎麼地傳進了大導演侯孝賢的耳朵裡，便以阿銘的願望為概梗拍攝成為廣告，還上了電視，阿銘牛肉麵於是瞬間成為台南最勵志牛肉麵，甚至引起前總統陳水扁的注意而到訪，至今陳前總統親手寫下的「有夢最美、希望相隨」字跡也仍舊裝飾在店裡。只不過，阿銘辦學的弘願倒是已經因故告吹了。

達人這樣吃

▶ 以炒過的冰糖和大骨一起熬煮的湯頭，一滴醬油都沒有。

▶ 手拍醃漬的小黃瓜，爽脆又入味，必點小菜。

▶ 每日現宰水牛肉，非常新鮮。

◀靠著自己摸索而成就的美味，阿銘卻一點也不
　介意大方分享。
▼爽脆的小黃瓜，非常推薦。

　　話說回來，就麵而言，阿銘牛肉麵仍然算是相當有特色，湯頭顏色就像是不小心打翻了咖啡色顏料似的，顏色極深。

　　問阿銘祕訣是什麼，他會大方的告訴你是用冰糖炒的。牛肉麵的煮法是阿銘退伍後慢慢摸索出來的，他也不在意與人分享，畢竟修行在個人啊，如果牛肉麵那麼容易上手，也不會滿街都是雞排攤了吧（咦？）

炒過的冰糖和牛大骨一起熬煮成湯底，深咖啡色是自然的焦糖色，完全不加醬油，因為阿銘認為醬油煮久了味道反而死鹹，牛肉則選擇每日現宰的水牛肉，大塊牛肉搭配細麵條食用，整體味道相當新鮮又有層次。

　　小菜特別推薦小黃瓜，因為是手拍醃漬的，口感爽脆又很入味喲。

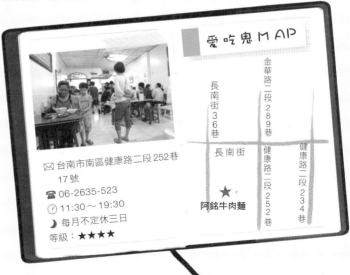

愛吃鬼MAP

✉ 台南市南區健康路二段252巷
　 17號
☎ 06-2635-523
🕚 11:30～19:30
🌙 每月不定休三日
等級：★★★★

長南街36巷　　金華路二段289巷

長南街

★
阿銘牛肉麵

健康路二段252巷　　健康路二段234巷

老天給的美食驚喜
鄭家牛肉湯

達人這樣吃

▶ 在這裡，牛肉湯分成三個等級，
選擇也更多了些。

▶ 最基本的上等牛肉湯，已經可以
和大大小小的牛肉湯店匹敵了
喔！

▶ 雖然價錢貴了點，但是帶筋的頂
級牛肉湯，很值得一試。

早期以務農為主的臺灣人並不吃能幫助犁田農耕的牛，包括當時的牛墟交易也是以耕作牛為大宗。但後來受到日據時代日本人「生冷不忌、什麼都吃」的飲食文化影響，牛肉才逐漸普遍。然後一開始吃牛肉就一發不可收拾，尤其是在擁有善化肉品市場的臺南，占盡產地直送的地利之便，每天都有現宰溫體牛肉可享用，也難怪被當成早餐的牛肉湯到處有。

鄭家牛肉湯在老店林立的臺南，資歷大概只能算是幼幼班，但因為剛好開在人潮絡繹不絕的名店阿江炒鱔魚旁邊，某種程度上也算占到一點地利之便吧，很快也已經受到矚目。

◀在牛肉湯老店林立的台南，鄭家牛肉湯
就像是個受矚目的後起之秀。

　　好啦說得更白一點，一開始會來吃鄭家牛肉湯，還真的是因為隔壁阿江炒鱔魚人太多，沒位置，才坐到這邊來。不過有時吃東西就是要隨緣啊，人說相請不如偶遇，像這樣不在行程表上的店家，也可能是老天爺給的驚喜呀不是嗎？

　　鄭家牛肉湯滿特別的一點是將牛肉湯條列區分三個等級，分別是上等、花紋、頂級牛肉湯，換言之，選擇也比較多。

　　基本款的「上等牛肉湯」，牛肉口感軟嫩，已經不輸一般的牛肉湯店。花紋和頂級牛肉湯就不用說了，不但油脂更豐富，質地也更加柔軟細嫩。帶筋的頂級牛肉湯還多了彈牙口感，口味鮮甜。所以雖然價錢相對的是貴一點，頂級牛肉湯不論大小碗的定價都是上等牛肉湯的兩倍，但一分錢一分貨啊，也算物有所值喔！

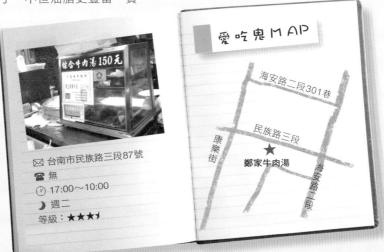

✉ 台南市民族路三段87號

☎ 無

🕐 17:00～10:00

🌙 週二

等級：★★★✦

愛吃鬼MAP

海安路二段301巷

民族路三段

康樂街

★
鄭家牛肉湯

海安路二段

天麟說...

還有這些，
記得留肚子來嘗嘗！

台南的美食何其多，絕對不只大家都知道的這些
還有不少老字號或是根本讓你和台南聯想不起來的超級美味
吃過這些，下回你和朋友比較台南飽食經驗時
肯定能打敗一群愛吃鬼！

《總鋪師》電影中的雞仔豬度龞等級的手路菜，阿美飯店統統會。
把鴨肉的美味發揮到極致的竹記鴨肉，還可以打包熏鴨翅回家配電視。
在口味偏甜的台南，竟然有加標榜四川辣味的巴人川味。

你說，都來一趟台南了，能不來嘗嘗嗎？

中西區 民權路二段 **138**

阿美飯店

達人這樣吃

▶ 出發來台南之前,先預約好砂鍋鴨,才不會望著別人的餐桌流口水。

▶ 越煮越好吃的砂鍋鴨,有提供外帶唷!

▶ 想吃電影裡的雞仔豬肚鱉,沒問題,阿美飯店主廚做給你吃。

雞仔豬肚鱉,看過電影《總舖師》的話,一定都會對這道菜留下深刻印象吧。「要怎麼把鱉殼硬邦邦的鱉塞到豬肚內,再塞進已經去完骨頭全身軟綿綿的雞身裡面呢?」可是讓主角一干人傷透腦筋,不管試了幾次都只是重複地戳破雞皮而已,直到決賽開始前,祕訣才被揭曉……

原來,原來只要把鱉切小塊就解決了嘛。怎麼之前就是想不到呢?(那麼容易就想到的話也就編不成情節了吧。)

實際上雞仔豬肚鱉的做法是把雞肉、豬肚與鱉全都一一改刀成塊,各自汆燙後再放

◀外送的提盒，
充滿古早味。

▲外帶的砂鍋鴨，附上鋁鍋。
▶砂鍋鴨內容物豐盛，但還是要來份
　拼盤。

在一起以中藥燉煮，所以湯頭甘美，膠質豐富，養顏美容。整道菜的完成頗費時費
工，也仰賴師傅手藝，算是電影中常強調的「手路菜」，也是阿美飯店的主廚推薦
菜色之一。

　　不過來到阿美飯店不可不嘗的還是首推砂鍋鴨──雖說由於砂鍋容易破損造成危
險，現已改採用生鐵鍋（外帶則提供附掛耳的鋁鍋盛裝），習慣上還是稱為砂鍋鴨。

　　砂鍋鴨以大骨湯為底，鍋底
加入雲林西螺大白菜燜煮，再
放入整隻選自高雄海浦重約三
斤半的嫩鴨，同時佐以本地台
南北門與七股種植的蒜頭、高
雄茄萣扁魚蔥酥，和金針、杏
鮑菇、鵪鶉蛋、豆腐等，使用
炭火烹煮約三小時，過程必須不
斷翻攪留意火侯，才能煮出這鍋
湯鮮味美，濃郁到不行，越煮越
好吃的砂鍋鴨。

　　費工製作的砂鍋鴨每日鍋數有
限，最好事先預約，以免向隅嘿！

愛吃鬼MAP

✉ 台南市中西區民權路二段
　 98號
☎ 06-222-2848
🕐 11:30～14:00、17:30～21:00
🌙 無
等級：★★★★

忠義路二段
公園路65巷
★
阿美飯店
民權路二段

老闆跟你一樣周休二日！
竹記鴨肉專賣

中西區 中山路 47

達人這樣吃

▶ 鴨肉一盤，是一定要的。

▶ 冬菜鴨裡吸飽鮮美湯汁粉絲，和鴨肉一起吃下，絕配。

▶ 超級涮嘴的熏鴨翅，一定要打包回家當看電視的搭配零食。

▶ 老闆周休二日，想吃好平日來了！

冬菜鴨是竹記鴨肉專賣的招牌菜，除了必點的切片鴨肉，冬菜鴨也一定要點一碗的啦！但什麼是冬菜呢？

簡單說就是醃白菜啦！基本材料很簡單，就是大白菜、食鹽和蒜。先將大白菜風乾脫水，切碎之後，加入鹽與蒜末，繼續脫水即成。譬如泡菜鍋也是利用醃菜特殊的酸味為湯底提鮮啊，冬菜鴨也不例外，湯底放入冬菜，濃縮過的白菜甜味自然滲入湯裡，再由粉絲充分吸收後，與鴨肉一起食用，鹹甜又鮮甜的滋味一試難忘喔！所以小小一家店也屹立不搖了幾十年。

小店目前傳到第二代，也許是因為店面不大，也因為家族關係好，店內幫忙的都是自己家人。鴨肉好吃的祕訣也是由第一代的老爸爸親自傳授而來。首先是要慎選肉

126

◀泡在湯裡的冬粉，早已經吸飽湯汁的菁華了！
▼內臟類的小食，在專賣鴨肉的店裡，也是必嘗。

質，要挑成熟度夠又不能太老的鴨子，鴨肉才會夠彈性、無腥味又不顯老。

　　不過說到烹調的撇步、煮鴨的火候，就是只能意會無法言傳了。「都是經驗啊。」老闆娘笑說。

　　竹記鴨肉專賣還有一道非常適合打包回家配電視的，是他們家的熏鴨翅。冰鎮過的鴨翅，剛拿到的時候，鴨翅上頭都還有碎冰哩，但因為鹹淡剛好又入味，而且冰鎮過的鴨肉更是有彈性又爽口，一旦開始啃第一隻，嘴巴和手就會停不下來，要接著拿下一隻又下一隻，台語講的「涮嘴」就是這麼回事吧。

　　只不過因為竹記鴨肉專賣是餐飲界難得一見的週休二日店家，週末，當觀光客紛紛湧入台南之際，老闆也休息去了，週六週日都不上班。以至於對於遊客而言不是那麼容易入手的店。如欲前往請避開假日喲。

✉ 台南市中西區中山路47號
☎ 06-222-7872
🕐 週一～五 11:30～22:00
🌙 週六、週日
等級：★★★★★

愛吃鬼 MAP

竹記鴨肉專賣飯
★

中山路23巷
中山路
民權路一段
青年路47巷

甜口味台南小吃中的一點辣

巴人川味

達人這樣吃

▶ 來自四川茂縣的的花椒、大紅袍，味道純正，香味濃郁！

▶ 有別於一般川菜館只重辣味，巴人川味讓你麻辣都嘗到。

▶ 毛血旺等麻辣菜色，香氣味道皆足，但又不會讓人辣得食不下嚥，厲害！

▶ 真的不吃辣嗎？枸杞水蓮、芙蓉紹子旦也是非常美味。

台南人愛吃甜是有名的，所以多種小吃與羹湯的調味都偏甜，相對的倒是不怎麼吃辣，於是乎，能在螞蟻世界留下來的四川菜就是很有趣的存在了。

包括店的起源也有故事。老闆娘本是華語領隊，工作關係才認識廚師老公。老闆鄒孟翰原是重慶國賓館廚師，後來為愛走天涯，來到台灣之後先在餐館工作擔任二廚，待取得本地廚師執照，才正式出來開了這家巴人川味。

菜單直接以手寫方式寫在小黑板上，總共就是二十幾道，不是太多，但幾乎道道是招

▲麻婆豆腐和口水雞，充滿了老闆
　運用花椒的強大功力。
◀吃不了辣、不能吃辣的人，水蓮
　菜和這道湯品也都非常美味。

牌喔！老闆使用花椒的功力堪稱一絕，不論是水煮牛肉、乾鍋肥腸、口水雞、川味香腸，或是被譽為「四川版五更腸旺」的毛血旺，每一道都是香味四溢，麻的夠勁，但又不至於才吃幾口就要辣的食不下嚥。

在本地生活超過二十年的老闆已經很熟悉台灣的味道，他以為一般川菜館和麻辣鍋都太強調辣味了，反而讓人吃不到食材真正的滋味。身兼主廚的老闆不是沒有妥協之處，因為台灣人不吃重鹹，調味也就以少鹽少油的健康取向為導向。

「但是麻味和辣味不能少。」

老闆為了忠實呈現四川菜的精神，佐菜必須大量使用的朝天椒、二金條、米椒等香料全都進口自大陸。最為人津津樂道的麻味來源「花椒」，則是採購自四川茂縣。當地盛產的大紅袍，果型粒大、果皮色澤鮮紅光滑呈淡黃色，香氣濃郁持久，麻味純正。剛好成為巴人川味的亮點。

真的對辣味沒轍的話，「枸杞水蓮」，和以肉燥勾芡盛盤、賣相佳的「芙蓉紹子旦」，不失為是紅油之外的清爽選擇。

愛吃鬼MAP

✉ 台南市北區小東路153號
☎ 06-208-1218
🕐 11:00～14:00、17:30～22:00
🌙 週二
等級：★★★★

小東路147巷
小東路
巴人川味 ★
小東路198巷

散散步繼續吃的
精巧小食

邱記阿來水煎包 • 鄭記蔥肉餅 • 大菜市包仔王 • 金得春卷

富盛號碗粿 • 友誠蝦仁肉圓 • 武廟肉圓 • 阿龍香腸熟肉

遠馨阿婆肉粽 • 圓環頂菜粽 • 阿輝黑輪 • 台灣黑輪 • 姚燒鳥

阿文豬心 • 慶中街豬血湯 • 鎮傳四神湯 • 白糖糕

武廟葉記碳燒椪糖 • 連德堂煎餅

文賢路 242巷 邱記阿來水煎包

達人這樣吃

▶ 女孩們，防曬記得擦足，一鍋水煎包少說也要等個20分鐘。

▶ 薄薄的麵皮，特別酥香，鮮甜的高麗菜內餡，讓人停不下來。

▶ 不要太客氣，一次五個、十個的買走吧！

愛吃水煎包的人對於類似的場景一定不陌生吧。

地點不是某商店街店面而是停在路口的發財車。駕駛座後方本來該是用來載貨的部分沒載紙箱，倒是有個黑鴉鴉的大煎鍋，鍋子旁邊被當成工作台的地方到處白白的都是麵粉，麵粉旁邊還有一鍋看得出混有肉燥的高麗菜餡，因為菜餡不是純粹的淡綠色，還看得褐色的肉末四散在菜餡裡。

不一會兒，大煎鍋的鍋沿開始散出霧一般的水蒸氣，發財車旁邊排隊的人龍於是開始出現小小的騷動，因為等好久的水煎包終於快出爐啦！

◀一台小貨車，一口爐、加上老闆好手藝、美食就在街角。

▼皮薄這點，正是愛吃水煎包的人心裡最熱切的渴望。

　　文賢路與文賢路 242 巷交叉口交叉口，中油加油站斜對面的邱記阿來水煎包，就是這樣一家就算得頂著大太陽站在路邊排隊等著十五、二十分鐘，甚至更久，大家也都甘願等的水煎包，為什麼呢？當然是因為好吃啊！

　　邱記阿來水煎包最大特色是皮薄，畢竟水煎包又不是厚臉皮菜包是吧（有厚臉皮菜包這種東西嗎？），大家又不是為了麵皮吃到飽才來買水煎包的，邱記阿來水煎包應該是非常理解水煎包粉絲們對於水煎包的期待吧，所以很省麵粉料地麵皮只捏薄薄。

　　薄皮經過大火一煎烤，金黃色的外皮真是特別酥香，滿滿的高麗菜內餡又甜鮮，讓人忍不住一口接一口，就算邱家的水煎包個頭已經不算小了，還是一下子就吃掉，也難怪就算口味只有一種，大家也都不嫌單調地都是五個、十個地買，而每次起鍋的水煎包數量又有限，水煎包常是剛起鍋就統統被打包走了，怎麼辦？只好耐心再等一鍋啊。

　　好吃的水煎包是值得等待。

愛吃鬼MAP

✉ 台南市北區文賢路與文賢路 242 巷交叉口

☎ 0973-035-211

🕐 06:30～09:30、14:30～18:30

🌙 週日

等級：★★★★

邱記阿來水煎包

文賢路242巷

文和街

文賢路

只要蔥肉餅，其餘免談！
鄭記蔥肉餅

沒見過被律師樓左右夾攻的蔥肉餅店吧？

來台南看吧，府前路一段正好有一間剛好兩邊是律師事務所的小店，叫做鄭記蔥肉餅。鄰近律師樓，不知怎麼總覺得很有壓力啊。不過往好的方面想：哪天需要打官司時倒是相當方便。

鄭記蔥肉餅也是一家很老實的店，既然把蔥肉餅當成店名，就不賣韭菜盒子或也不理蔥油餅，真的全店只賣一種東西叫做蔥肉餅。

小小的店面整理得很乾淨，煎鍋旁邊就是工作台，一個人煎餅，一個人包餡，夫婦

◀兩人合作,帶上手套一個包一個煎,加上為了
衛生,用頭巾包住頭髮,小店的心意和美味亦
讓人感動。
▼只賣一味蔥肉餅的小店面,總是充滿人潮。

◀三種醬料,油膏、甜辣醬,和蒜味醬油,你選哪一個?

倆胼手胝足地合作也就夠人手了。工作時,兩個人都戴著口罩跟手套,碎花圖案的
方巾綁在頭上當帽子,所以雖然是近乎路邊攤的小店,倒是絲毫無須擔心衛生條件。

　　招牌蔥肉餅一律是現點現做,加入熱水燙麵揉出來的麵皮柔軟又富有韌性,料理
方式是在鍋裡放入稍多的油,以半煎半炸的方式處理,兼顧了炸物特性,
所以口感非常香脆,但香脆之
餘,還是吃得到餅皮的麵香
與筋性。

　　老闆會把剛起鍋的蔥肉餅
垂直放在架上煎鍋上方的鐵
架上瀝油,所以雖然看起來
多油,但實際吃起來倒也不
膩。肉香微微,但酥脆的口
感沒得挑剔。雖然店家也有
準備醬料,而且醬料有油膏、
甜辣醬,和蒜味醬油三種可自
由選擇,不過說真的,單吃就
很好吃了喲。

愛吃鬼MAP

✉ 台南市府前路一段311號
☎ 0919-116-465
🕐 14:30～18:30
🌙 週日(逢假日也休)
等級:★★★★

府前路一段　　永福路二段

鄭記蔥肉餅
★

好吃到舔手指的大塊頭包子

大菜市包仔王

達人這樣吃

▶ 肉餡Q彈，全靠人工去除筋而來。

▶ 雖然不是湯包，但是還是肉汁四溢呢。

▶ 拜託不要用衛生紙擦掉流出來的肉汁，舔乾淨吧！

據說包子是三國時代的大軍師諸葛亮發明的。

原來是某次戰爭結束後，諸葛亮領著軍隊路過雲南西北名叫瀘水的地方，偏偏遇到風起浪大，一群人束手無策，無法前進。這時，當地原住民頭頭孟獲告訴諸葛亮，以往遇到類似狀況，他們都是用四十九顆人頭祭拜瀘水水神。

「四十九顆人頭？」諸葛亮聽了之後問：「為什麼不是一百零八顆？」喔，不是啦。聽到孟獲的建議，諸葛亮當然覺得太過殘忍實不可行，聰明如他，便想到可以把肉塞到當時稱為炊餅的饅頭裡面，再在饅頭表面畫上眼睛、鼻子、嘴巴，做成「蠻頭」，

瞧這個包子，放在小菜碟上，就占掉了將近八成的面積。

▲蒸籠裡就是即將熱騰騰出爐的大肉包。

▶除了包子，意麵和魯味也可以一起點來祭五臟廟。

作為人頭的代替品，然後於岸邊誠心焚香祭拜。可能水神也覺得諸葛亮很幽默吧居然做得出這種東西，便決定放他們一馬，瀘水遂轉為風平浪靜，諸葛亮得以保住聲名，附肉餡的饅頭也慢慢開始為人所用。

傳到大菜市包仔王這家，雖然沒承襲最古法在包子上畫臉紋眉，但包子的尺寸倒是盡可能地接近諸葛亮的創意，做得很大一顆喔！

大菜市包仔王的大包子不走流行的薄皮路線，而是很厚實的。不過會做厚皮也是為了包住肉汁啊，內餡使用豬後腿肉來製作，筋的部分會以人工悉心切除乾淨，只留下肉的部分，所以口感Q彈、容易入口又多汁，包子不強調是湯包但鮮甜的肉汁四溢，吃的時候不管再怎麼留心，還是會流出包子、沾到手上。

「捨不得啊！」好吃的肉汁如果就這樣用紙巾擦掉了還真捨不得。於是乎，邊吃包子邊舔手指便成了包子店裡的全民運動。

諸葛亮一定沒想過他無意間發明的包子，有一天會這樣影響著人們的吃相吧。

✉ 台南市西門路一段468號
☎ 06-213-6282
🕐 11:00～20:30
🌙 不定休
等級：★★★✦

愛吃鬼MAP

府緯街

西門路一段545巷

西門路一段

大菜市包仔王
★

台南才吃得到的獨家配方

金得春卷

達人這樣吃

▶ 豐富滿滿的餡料，手工捲好後，
再放上鐵鍋乾煎，越嚼越有滋味。

▶ 加入皇帝豆，是台南春卷獨家特
色。

▶ 內用才喝得到的柴魚蘿蔔湯，免
費！

春卷，源自中國大陸的庶民美食，年代之久遠甚至可上溯至春秋戰國時代呢！杜甫《立春》詩句中「春日春盤細生菜」寫到的春盤，就是春卷，可見春卷在唐朝已經相當流行。不過近世落腳台灣之後，雖說這種利用薄麵皮把菜捲起來吃的食物仍被稱作春卷，但內容物早已因地制宜大不同啦。

其中最大的差別是高麗菜。

現在不管是包有菜脯、豆芽的濕濕熱熱的所謂台灣北部口味的春卷，或是夾帶紅燒肉、花生粉、火燒蝦的台南吃法，必定都包含大量水煮後再瀝去水分的高麗菜，高麗菜不但是春卷必備食材，通常分量也最重，殊不知春卷包入高麗菜的作法其實

手工捲好春卷後，再放上鐵鍋乾煎，是金得春卷脆香的獨到祕訣。

加入皇帝豆，是台南春卷獨家特色。

以新鮮高麗菜切絲作為主配料，增添清爽鮮美的口感。

是台灣特色，是在荷蘭人引進高麗菜，又經日本人推廣種植之後，高麗菜才逐漸成為春卷的不可或缺。

　　一份金得春卷得先用三張春卷皮墊底，再鋪上肥瘦各半的豬肉、豆干、蛋絲、高麗菜、火燒蝦仁、大蒜、香菜、花生糖粉。其中，果實飽滿但口感鬆軟的「皇帝豆」則是台南獨家。皇帝豆不是台南才有，但不知為何，除了台南，其他地方的春卷都不包皇帝豆。

　　手工捲成圓柱狀的春卷，接著還要放上抹有薄油的熾熱鐵鍋小煎個幾秒，才算大功告成，是金得春卷的特殊作法，據說這樣一來才不容易散開呀，就算外帶回家享用，還是能保持春卷的完好如初。

　　不只外帶費工夫，內用則招待用骨頭當做湯底的柴魚蘿蔔湯，重點是，配湯可是免費喔！世上也許沒有白吃的午餐，卻有不用多花錢也喝得到的美味清湯呢！這是旅行到台南的小幸福。

愛吃鬼 MAP

民族路三段

★ 金得春卷

國華街三段

✉ 台南市中西區民族路三段19號
☎ 06-228-5397
🕐 07:00～17:30
🌙 除夕前一天～初二、平日不定休
等級：★★★★

單一美味就已足夠
富盛號碗粿

富盛號碗粿簡樸的店面裡，有個可能無法在其他任何店面看到的場景，就是桌上居然張貼著教導來客怎麼吃碗粿的四連環圖。

「怎麼搞的，吃碗粿很難嗎？」也許你會說。

當然用嘴巴吃碗粿不難啦，只是在富盛號吃碗粿的道具看起來簡單但其實不簡單喲。在這裡你將無法使用成雙成對的筷子，倒是只能倚靠形單影隻的特製竹籤。也許是經常有人失敗吧，譬如還沒吃到卻先把細緻的碗粿攪爛了之類的，店家才安排了分鏡解說，建議客人以十字形把小碗中的碗粿分成四大塊就好。

達人這樣吃

▶ 用特製竹籤吃碗粿，超有古早味。

▶ 表面鹹香、Q嫩的碗粿，下層藏有豐富配料，越吃越過癮。

▶ 澆上口味回甘的油膏，再淋上蒜醬或芥末，更添風味層次口感。

▼熱騰騰出爐的碗粿，澆上口味回甘的油膏，別有一番風味。

　　店內也可隨時看見製作過程：師父們熟練地將米漿沖進已經盛有醬汁的瓷碗，再以大火現場炊蒸，所以來店用餐經常可以吃到仍帶有餘溫的碗粿。與白色米漿完美結合成深褐色的碗粿表面鹹香，下層則藏有香菇、蛋黃、豬後腿瘦肉、蝦仁等豐富配料，澆上口味回甘的油膏，單吃已經風味十足，再多淋上蒜醬或芥末，或是都加，則又是另一番滋味。

　　長年以來堅持選用存放一年以上再來米製作碗粿的富盛號碗粿只賣碗粿，而且只有這一種口味。原本還有搭配的浮水魚羹，料好實在，價格又實惠，曾經也頗受好評。但因為光是準備碗粿就忙不過來了，終於決定只做碗粿就好，富盛號魚羹於是正式更名為「往事只能回味浮水魚羹」（遠目）。但是碗粿還是很好吃啦！

　　不殘念喔！

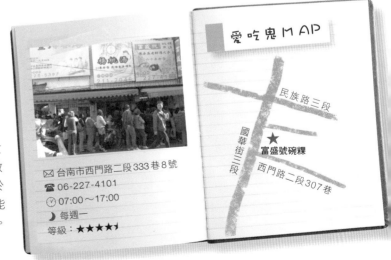

✉ 台南市西門路二段333巷8號
☎ 06-227-4101
🕐 07:00～17:00
🌙 每週一
等級：★★★★

愛吃鬼MAP

民族路三段

國華街三段

★富盛號碗粿

西門路二段

西門路二段307巷

代代相傳的美味
友誠蝦仁肉圓

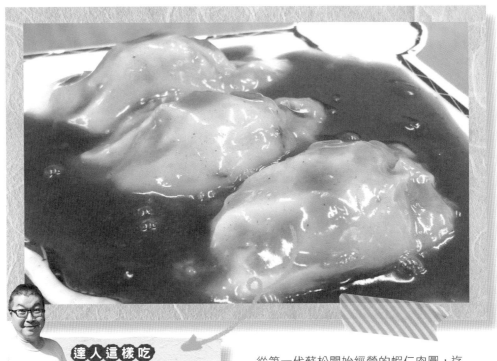

達人這樣吃

▶ 不規則的肉圓表面，就是手工製作的最好證明。

▶ 蝦仁內餡肉圓，搭配上店家製作的褐色蝦醬，非常對味。

▶ 香菇肉羹的肉羹，是用黑豬肉塊裹漿製成，不點來嘗嘗太可惜了。

從第一代蘇松開始經營的蝦仁肉圓，迄今已傳到第四代。傳到第二代時，因當時店面搬到民權路的建國戲院前，因地制宜曾一度更名為非常通俗的建國蝦仁肉圓，傳到第三代，也就是創始人外孫女手上時，才終於定名友誠。

友誠蝦仁肉圓的表皮是主要以在來米製作。每年都是一次就購入一年所需分量，並囤放一年左右，把新米存成舊米，米放舊了，黏性會較新米大幅增加，才更適合做成肉圓。實際備料時會先將米打成米漿，再依比例加入番薯粉，為的是增加彈性。

內餡部分，新鮮蝦仁是一定要的啊。此外還添有每天早晨才剛做好的肉燥，與紅蔥頭。

▲香菇肉羹不可錯過，真的吃得到
　豬肉塊，再加點醋提味就行了。

▲老闆娘總是在店門製作肉圓，
　餡料和堅持，都可以看得一清
　二楚。

▲手停不下來的工作人員，
　就是好吃的證明。

　　總是坐在店外的固定位置準備肉圓的老闆娘儼然已是肉圓店的活招牌了吧，觀察
一下製作過程還挺有趣的。正式製作肉圓時，會先將少量米漿倒入漏斗形狀的小模
型，接著放入餡料後，於表面覆蓋少量米漿，然後把大致成形的肉圓放上蒸籠，
一一手工整形後，才加蓋炊蒸。

　　蒸好的肉圓表皮軟Q，餡
香味濃，不規則的表面正是
手工捏製的最好證明。搭配
的褐色淋醬是店家特製蝦醬，
蝦醬配蝦仁肉圓當然很對味。
想要多點風味的話，也可添加
蒜蓉醬或芥末醬，喜歡吃辣也
有辣椒醬可用。

　　配湯可選香菇肉羹。肉羹是
用黑豬肉塊裹漿之後便下水汆
燙定形，意思是這是真的吃得
到肉的肉羹喔！所以只要再加
一點點醋就很提味了。

愛吃鬼MAP

友誠蝦仁肉圓
★

開山路109巷

開山路

府前路一段

✉ 台南市中西區開山路118號
☎ 06-224-4580
🕐 09:40～20:00，賣完就收
🌙 春節、清明、中元節
等級：★★★★

完售速度超快的人氣店家

武廟肉圓

武廟肉圓的外皮是選用上好的蓬萊米製作。新米洗淨之後，為軟化生米質地，必須先浸泡四小時，接著加水磨成細緻米漿，再和入番薯粉拌勻。使用番薯粉的目的則是為了增加米漿的彈性和黏性。

內餡則是採用精選新鮮豬瘦肉，然後⋯⋯嗯，沒了。

是的，武廟肉圓之真材實料到，說是肉圓真的就只包了瘦肉而已，沒有筍絲、也沒有任何其他蔥或蒜喔！

想來也真是夠大膽了，畢竟純肉餡口感一不小心不但容易顯得柴柴，豬特有的腥臊味在毫無遮掩的狀況下很容易一枝獨秀地被凸顯啊。

達人這樣吃

▶ 僅包瘦肉的肉圓，以自家特製獨門醬料醃製，相當入味。

▶ 淋上當日特製調配的沾醬，口感更是往上加乘。

▶ 香 Q 外皮、柔軟肉質，是道地正宗的台南味。

▲每一顆肉圓從裡到外，都是完全純手工製成，QQ的外皮很誘人。

▶以獨門配方醃製的肉餡，口感豐富紮實，讓人忍不住一粒接著一粒吃。

　　不過反過來說，武廟肉圓竟然膽敢只用豬肉，當然也就是因為先對餡料的處理下過一番工夫。除了事先敲打豬肉，以確保肉質有嚼感卻不失柔軟，接著還要以自家醬料醃漬長達兩天。一顆肉圓的製成，從裡到外完全純手工，包括淋醬也是當天調配不放過夜，白蒜泥、綠哇沙米與土黃色辣椒醬則任君挑選。也難怪每日僅能限量提供兩百五十份左右。賣完就收工。

　　肉圓之外，武廟肉圓另一項為人所津津樂道（？）之處，就是店內用餐請守規矩。

　　規矩一，店面不大但客人多，所以沒先找到位置的話不給點餐；規矩二，肉圓是三個一盤沒錯啦，但如果三個人來只想點一盤，「三個人合點一份時，恕不提供座位」是老闆在肉圓之外的堅持。

✉ 台南市中西區永福路二段225號

☎ 06-222-9142

🕐 平日13:30～18:30、假日12:30～18:30（賣完為止，但通常開店三小時就賣完了）

🌙 週二

等級：★★★★

愛吃鬼MAP

民族路二段

永福路二段

永福路二段227巷

永福路二段

★ 武廟肉圓

民權路二段

台南特有的飲食文化
阿龍香腸熟肉

文史工作者王浩一這樣定義香腸熟肉：「富有特色的地方傳統小吃攤。主要販售香腸、粉腸、蝦卷、糯米腸、肉類與海鮮等食物，於購買時切成所需之數量售出。」

「那不就是黑白切嘛！」可能你會問。

確實類似的經營模式通常被稱為黑白切，但那是因為不在台南！香腸熟肉之於台南，真是非常特殊的飲食文化。過去曾是高級點心，所以有這麼一句「殘殘豬肝切五角」的俗諺，意思是在五毛錢買得到肉粽的年代，在香腸熟肉攤上卻只換得到豬肝兩片，只夠塞塞牙縫勉強解饞。

而之所以開始有黑白切的說法，是因為外縣市的師傅知道自己手藝不若台南的總鋪師隨手就能做出三十幾道小菜，於是謙遜的形容自己只是隨便切一切，才叫做黑白切。

反過來說，能在台南扛起香腸熟肉招牌的店家，菜色豐富是一定要的！就好比經營三代的阿龍香腸熟肉，香腸、米腸、粉腸、蝦卷、魚肚、鮪魚肚、豬心、豬肝、豬肚、豬舌、米血、鯊魚煙、竹輪、魚卵、小卷、苦瓜、蘿蔔、秋葵等等各種菜色就在店頭一字排開，所有食材都是自家製作的，因為菜色多，每天一早大約七點就得起床開始準備，但也是這樣才能確保品質與絕對新鮮。

初來乍到的客人不懂如何點菜時，可以放心請老闆推薦，各種小菜都切一點，味道都不錯，擔心吃不飽的話，也有備飯。但記得「蟳丸」一定點啊！

蟳丸雖然叫做「丸」，卻不是一顆一顆，而是使用螃蟹肉、荸薺與雞蛋一起蒸出來的手路菜，蛋香十足，口味清爽不甜膩。搭配以動物內臟為主湯料的「豆仔湯」，都是在台南才吃得到的鄉土小吃。

愛吃鬼MAP

✉ 台南市中西區保安路34號
☎ 無
🕒 9:00～21:00
🌙 隔週的週二
等級：★★★½

俯前路二段

國華街一段

★ 阿龍香腸熟肉

保安路

有著阿婆溫暖笑容的療癒肉粽

遠馨阿婆肉粽

「遠馨阿婆肉粽」的招牌名稱是近年才確立的，之前，也就是在正式命名之前，知道的客人都習慣暱稱這好吃的肉粽叫做「阿婆肉粽」，因為在常客心目中，想到肉粽，就會想到創辦人楊珠的溫暖笑容。

老社區裡都會有這樣一位阿婆吧，圓臉，樣子很福態，笑容靦腆，也許話不太多，但歲月累積了手藝，尤其擅長做某種點心。楊珠就是那種親戚鄰居都知道的，很會包粽子的阿婆。

阿婆包粽子很多年了，很知道糯米不容易消化，所以刻意挑選兩年以上濁水溪長糯米的舊米，洗完米還要多浸泡五分鐘，因為這樣一來可減少胃酸與不適的機率。

內餡方面，豬胛心肉塊要先用五香香料滷過，滷肉得到的滷汁已經濃縮了肉的鮮味，當然不能浪費，要拿來和生糯米拌炒在一起，接著再把另外準備好的配料，包括：北港花生、栗子、存了兩個冬天於是香味更濃的二冬香菇和好提味的紅蔥頭，用古坑粽葉統統包起來，然後丟進滾水裡煮上幾小時。待起鍋，就是讓每個吃過的人都懷念的阿婆肉粽。

為什麼懷念？因為阿婆的粽子做法雖然樸實不花俏，但料多實在啊，豬肉煮得入口即化，餡料香又入味，混以滷汁的糯米也已經夠味道，吃的時候完全不需要沾醬，也會一口接一口，總覺得只吃一粒粽子還不夠。

達人這樣吃

- 使用舊米加上浸泡，糯米香甜不礙胃。
- 用五香料滷透的豬胛心肉，請細嚼慢嚥，慢慢品嘗。
- 香氣濃郁的二冬香菇，是存放了想個冬天才得來的。
- 實在難忘，就宅配些回家吧！

愛吃鬼MAP

✉台南市中西區南寧街56號
☎06-213-7821
🕐07:00～19:00
☽無
等級：★★★☆

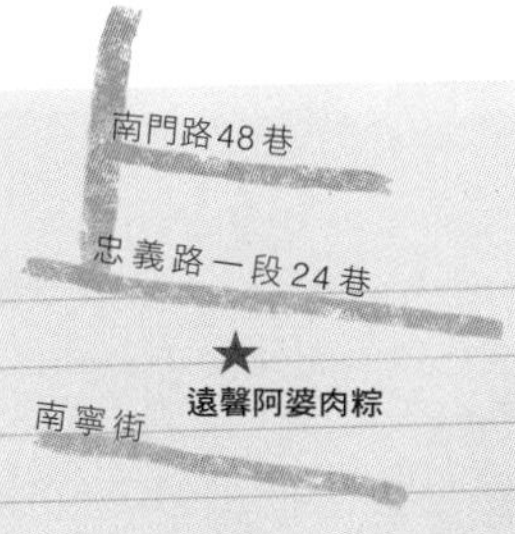

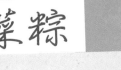

從糯米到粽葉都講究
圓環頂菜粽

達人這樣吃

▸ 只包花生的菜粽，材料簡單，但老闆挑食材的嚴謹可不簡單。

▸ 張大口吃之前，先用鼻子感受一下月桃葉香與花生粉香氣。

▸ 花生與糯米以及沾醬，味道和比例超級完美。

▸ 還要追加一碗有老店傳統豆腐的味噌湯，才能去下一攤。

又名「花生素粽」的台南的菜粽只包花生，主食材除了花生和糯米，什麼也沒有。因為材料簡單，選料與沾醬的選擇就更是步步關鍵。

從選材開始，糯米要選長胖形狀的舊米，因為舊米水分少，吃起來口感鮮明。

花生只用來自北港的台灣本地產花生。精挑細選之後，先洗乾淨，再浸泡數小時，才和糯米混在一起。被篩選下來，比較小粒的花生，則會請配合的廠商幫忙炒過後再碾成花生粉。

包粽子用的葉子捨竹葉而採用月桃葉，是因為覺得月桃葉加熱之後的香味比竹葉更好，所以總是不遠千里地，每星期兩次從台東山上運來新鮮月桃葉。

▲只有花生和糯米的簡單菜粽，一吃就知道老闆選料的不
　簡單。

▶看看這成堆的粽葉，就知道生意已多好了吧！

　　一隻手的手指就數完的材料卻花了不知幾倍的心力準備好之後，總算可以開始包粽子啦。至於煮法，台南圓環頂菜粽採取的是南部粽做法，也就是蒸。習慣上，北部粽多是下鍋水煮，南部則是偏愛進蒸籠。

　　混有北港花生的糯米包進月桃葉，蒸熟之後就是菜粽了。說簡單也真夠簡單，包括沾料也半底不複雜，淋上純豆麥釀造醬油，灑上前述小粒花生犧牲小我製成的花生粉，再點綴少許香菜，就是全部了。

　　不過只要吃一口就知道簡單菜粽的不簡單啊，先是月桃葉香撲鼻，花生粉也香氣逼人，大顆花生鬆軟不爛，軟 Q 的糯米配沾醬吃，怎麼說呢，剛剛好，味道就是剛剛好。

　　吃菜粽要配味噌湯。圓環頂菜粽的味噌湯選用老店製作的傳統豆腐，必須是傳統豆腐才吃得到黃豆香，而且不會一煮就爛，味噌醬也是出自老店，加上小魚乾和柴魚，用料扎實的味噌湯一碗只要十五元，不覺得真便宜嘛！

愛吃鬼 MAP

圓環頂菜粽 ★
府前路一段
東門圓環
大同路一段22巷

✉ 台南市府前路一段40號
☎ 06-222-0752
🕐 05:00～14:00
🌙 每十五天公休一日，遇假日則不休
等級：★★★★

台味十足下午茶
阿輝黑輪

　鐵皮屋外的馬路邊，機車、汽車幾乎占去了所有可能臨停的空間，「生意真好的地方啊！」幾乎是所有初來乍到客人對阿輝黑輪的第一印象。

　阿輝夫妻從早期在體育場旁邊擺攤賣黑輪，到後來搬到夜市營業，口味一直受到喜愛，於是決定租下鐵皮屋作為正式營業場所。雖然鐵皮屋的場地還是簡單，沒有任何造型裝潢，也沒有砸錢做廚房，路邊攤時期一直使用著的由川崎機車改裝而成的工作台直接遷進鐵皮屋，只在機車上方加裝排油煙管，竟然也就將就著用了，當然也沒有冷氣。

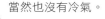

▶ 油炸成金黃色的黑輪，口感酥香，炭烤後香味更加誘人。
▶ 用料新鮮又實在的黑輪，烤物、煮物、炸物一應俱全。
▶ 自家灌製的香腸，焦香炭烤味配上大蒜，無敵銷魂！

▶加了芹菜末提鮮的關東煮湯，無限
　量提供，免費喝到飽。
▼炭烤後的香腸散發焦香氣息，配上
　大蒜，堪稱絕佳拍檔。

　　往好的方面想：不過是來吃個黑輪，又不是要住到裡面，所以能有個屋頂遮遮風，下雨天也不必擔心淋雨會太狼狽，也沒什麼可挑剔了不是嗎。

　　阿輝黑輪有煮物，有炸物，也有烤物。煮物就是大家所熟悉的關東煮，種類除了黑輪，還有蘿蔔、貢丸，和苦瓜鑲肉。蘿蔔與肉甜滲入湯底，所以雖是清湯但味道還不錯，而且這加了芹菜末提鮮的關東煮湯無限量提供，免費喝到飽。

　　以新鮮魚漿為原料，現場油炸成金黃色的黑輪是阿輝黑輪的看板商品，手工製作所以形狀不規則，但也正因為不規則，凸出的邊邊角角油炸後才更是增加酥香口感，或者也可要求炭烤處理，香味更誘人。

　　阿輝黑輪自家灌製的香腸更是不吃遺憾！肥瘦比例拿捏得剛剛好的大香腸，炭烤之後表面散發焦香氣息，但咬下一口，微微酒香這才自口中迸發，搭配大蒜真是對味。配上店家自製好好喝的紅茶，就是最台——的下午茶，即使揮汗如雨也要吃呀！

✉ 台南市大林路 125 號
☎ 無
🕐 10:30～18:45
🌙 週一
等級：★★★★🌙

愛吃鬼MAP

槌球場

阿輝黑輪 ★

大林路

大林路135巷

大林路111巷

口袋只剩2元？那就吃黑輪吧！

台灣黑輪

達人這樣吃

▶ 這裡以竹籤計價，吃巧或吃飽，隨心所欲。

▶ 全都來上一枝，也不過 100 元左右，你還等什麼。

▶ 幾個由虱目魚漿製品，彈牙好吃，必點。

▶ 想來點綠色蔬菜，毛豆和醃小黃瓜就拿著吧。

兩元可以買到什麼？嗯……絞盡腦汁想半天，想到很久以前曾經在清邁的路邊，以兩元泰銖買到一枝冰棒，還是可樂口味的。不過那也只僅限於泰國北部，而且還是七年前的物價。通貨膨脹、油電雙漲，在什麼都漲就是薪水不漲的台灣，單憑新台幣兩塊錢真能買得到東西嗎？

還真的有耶！

就在台南孔廟附近，府中街與開山路的交叉口，一個叫做台灣黑輪的地方，兩個一元銅板就能換到一枝黑輪喔！

聽來有些不可思議是吧？

▶插滿竹籤的鍋子和烤爐，好拿又好算錢。
◀抓著一把竹籤，老闆在算錢啦！

　　來到店門口，即可看見不論鍋子裡或烤爐上都叉滿了竹籤，仔細一看，品項倒是不少喔，各種形狀的丸子、以虱目魚漿為原料做成的各種魚漿製品，口感彈牙，還有香菇、豬血糕、百頁豆腐。

　　因為有烤爐，想當然少不了烤肉串和碳烤甜不辣，想吃點富含葉綠色的東西中和一下的話，也有醃小黃瓜和加了黑胡椒調味的毛豆。

　　計價方式非常簡單，因為每樣單品都已經叉上竹籤了嘛，吃完也別隨手扔，瞧每張桌子上都放著竹筒，就是竹籤收集器啦！吃完一樣就把空出的竹籤插進竹筒吧，全部吃完才結帳。

　　所以逛街到台灣黑輪附近時，常可以看到有人手握大把竹籤的場景，沒搞清楚狀況，遠遠看到還以為是拜拜哩，是要點香嗎？！但其實人家只是要結帳了啦，長籤一枝五元，短籤兩元。單枝竹籤上的黑輪分量也許不多，但不消一佰元就可以嘗遍各種口味，也算經濟實惠了。

愛吃鬼MAP

✉ 台南市中西區開山路74號
☎ 06-221-7258
🕚 11:00～20:00
☾ 週三
等級：★★★☆

★ 台灣黑輪
府中街
開山路
開山路84巷
府前路一段

冷綜魚小現炸
合卵卷蚵蝦
沙沙沙捲捲
筍拉拉拉一份二隻
小份120 50元
大份150

相傳一甲子的燒烤工夫
姚燒鳥

達人這樣吃

▶ 必點菜：烤蝦和烤鰻魚。

▶ 黑胡椒以及蜜汁兩種口味，都要點來試試。

▶ 真的拿養殖的雛鳥來燒烤的燒鳥，肉質有彈性，骨頭也很有口感。

馬路邊的房子轉眼已經是六十年歷史的老房子，六十年都沒換過地點的店可真是不多見吧，但姚燒鳥還真是打從第一代起就一直在這民族路口做生意，現已傳到第四代。

營業時間寫著晚間七點半開始，但老實說太準時的客人只會早到早開始等，因為七點半真的只是開門時間啊，通常得等到八點左右才會準備好並接受點單。

到姚燒鳥用餐，烤蝦和烤鰻魚是必點款。姚燒鳥之所以能歷久不衰，燒烤一賣一甲子，當然是因為師傅烤工一流，火候掌握得宜，所以烤蝦鮮甜，香氣迷漫，雖然單價較高，但很值得一試。此外每種食材都有兩種烤法可供選擇，一是佐胡椒鹽，一是以

◀烤鰻魚是必點菜！

▲燒烤功夫一流的師傅，每一種食材都能
　烤出無敵的美味。
◀涼拌的小菜是配燒烤的良伴之一。

醬油、蜜、和冰糖做成的特調蜜汁口味。當然要交錯著下單才能吃到各種味道呀。

　　菜單上比較特別的是有個「燒鳥」的選項，如果是日文裡的漢字「鳥」，通常指的是雞，倒也沒什麼，不過姚燒鳥的招牌燒鳥可不是烤雞那麼貼近地球表面，而真的是會飛的小鳥喔！就是城市裡也很常見的那種會站在高壓電線上唱歌的小麻雀。

　　當然來源不是老闆趁著白天沒事的時候就站在電線桿旁邊想辦法抓來的啦，而是由高雄、屏東的廠商提供，也都是人工孵化的雛鳥，麻雀本身就是小小鳥了，麻雀嬰兒當然就更小之又小，不過雖然小但肉質富彈性，骨頭多但烤過之後反而更有口感，尤其胡椒鹽口味，非常下酒。

　　坐在騎樓位置邊喝涼透的啤酒邊嗑鳥肉，絕對是最放鬆的台南經驗。

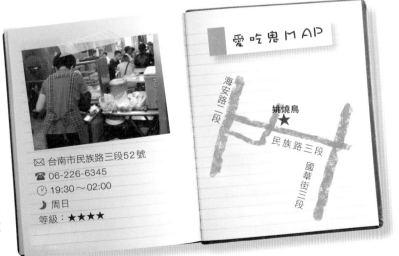

✉ 台南市民族路三段52號
☎ 06-226-6345
🕐 19:30～02:00
🌙 周日
等級：★★★★

愛吃鬼MAP

海安路二段

姚燒鳥
★

民族路三段

國華街三段

台南豬心料理首選
阿文豬心

達人這樣吃

▶ 現點現切，新鮮度滿分，沒有腥味。隔水加熱，讓豬心脆口，絕對不會變成橡皮筋口感。

▶ 鴨腳翅，一定要吃。但是，記得四點就來，否則可能吃不到喔！

阿文豬心的老闆阿文算是第二代了，手藝是承襲自父親黃菖蓉。黃家二代幾個兄弟，包括大哥與么弟也都分別在文南路與保安路賣豬心，要說台南的豬心全是黃家人的天下，可是一點也不為過呀。

豬內臟烹煮不易，譬如豬心就是非常難以掌握熟度的品項，稍有差池就會過熟，煮成橡皮筋。但這種狀況在阿文豬心是看不到的，阿文家的豬心嘗起來總是脆口，為什麼呢？因為店內所有料理都不過水汆燙，而是採用隔水加熱方式。

阿文的刀工細膩，為保持口感，豬心一律採取現點現切，而不是預先就做好處理，免得失去鮮度造成腥味。剛切好的生鮮豬心先放入小鋁杯，再放進一旁的蒸籠裡蓋上

◀這是個挑戰大胃王比賽的好地方！

▲老闆可以把豬心烹調的恰到好
　處的祕密，就是這一個個的小
　鋁杯。
◀開店第一個半小時內一定就會
　賣光鴨腳翅，想吃到可要腳勤
　一點！

鍋蓋加熱，這樣間接的烹調方式，一是可避免一下子就衝高的溫度會破壞食材質感，二是可把豬心的原汁原味一滴不失地完全保存在杯內，口感與味道於是都兼顧。

除了豬心，阿文家的「鴨腳翅」也是夢幻單品。小盅裡的鴨腳跟鴨翅，加入少許當歸等中藥去腥，經過長時間煨煮，肉和骨頭只需輕輕一抿就分開，入口即化，湯頭淡淡藥膳氣息自然飄散，膠質滿滿更是你濃我濃，膠原蛋白好多好多，好吃得嚇死人。

特地以夢幻形容鴨腳翅，可不是誇飾，而是因為這道湯品的燉煮特別費工，所以備量不多呀，阿文豬心下午四點開店，但常常才五點半就點不到鴨腳翅了，要吃還得早點報到才好。

愛吃鬼MAP

✉ 台南市中西區大智街92-1號
☎ 無
🕐 16:00～23:00
🌙 不定休
等級：★★★★★

金華路三段　大仁街
　　　　阿文豬心 ★
　　　大勇街　大致街

慶中街豬血湯

台語有種說法是「巷矣內」，字面上看起來是巷子內，實際則是有「很內行」的隱喻，而慶中街豬血湯正是標準的「巷矣內」。怎麼說呢？

首先是位置。村上春樹曾經以 deep 中的 deep 形容過一家座落於田中央的烏龍麵店，「雖然入口勉強寫著有『中村烏龍麵』，不過那也好像故意寫成讓人從路上看不見似的。」，

私以為，比起中村烏龍麵，慶中街豬血湯的隱密程度也非常的不遑多讓啊，實際店面位在極度不起眼的小巷子裡，是百分之百的「巷矣內」喔。唯一的線索是巷口寫著「豬血湯、米粉炒」的立牌。

達人這樣吃

▶ 脆口又彈牙的豬血得來不易，去腥與調味都工法繁複。

▶ 豬血湯慢慢喝，體會既爽口又不油膩滋味。

▶ 別小看炒米粉，豆芽的清爽和肉燥的油膩，平衡的很完美。

<table>
<tr><td>火燒道</td><td>豬腸湯</td><td>米粉炒</td><td>豬血加腸</td><td>豬血湯</td></tr>
<tr><td></td><td>35元</td><td>30元</td><td>45元</td><td>30元</td></tr>
</table>

▲記住這塊立牌，這是前往美味豬血湯的唯一線索。

◀看似平凡的炒米粉，其實有著平衡、完美的味覺組合。

　　但只要找到地方，走進巷子，馬上就能發現這不起眼的小巷裡可真是別有洞天啊，豬血湯店雖然連名字也沒有，但門庭若市、生意好得很，還有帶著大湯鍋的主婦在排隊等著打包，因為主婦們最知道，慶中街豬血湯不只位置在巷矣內，就連口味也很巷矣內！

　　豬血要好吃，新鮮度是關鍵，慶中街豬血湯選用新鮮豬血，去除表面雜質，洗淨、切塊、滾水汆燙藉以去掉豬血特有的腥羶味之後，豬血部分的處理才算告一段落，接著將豬血加入高湯調味，待高湯的甜味滲入豬血，即可上桌了。費工料理的豬血湯頭爽口不油膩，豬血則是脆口又彈牙，口感令人驚豔。

　　慶中街豬血湯的品項不多，豬血湯、豬血加腸、豬腸湯、大腸頭小肚，總之不是豬血就是豬腸啊，米粉炒是唯一的主食，但這米粉炒也是完全不可小覷的狠角色，量稍多的豆芽菜正好中和了肉燥的油膩，使得整體口味平衡非常好吃，相互搭配只能說是相得益彰，口腹之欲大滿足。

✉ 台南市中西區慶中街24號
☎ 06-214-1005
⏰ 09:30～18:30
🌙 農曆初三、初十、十七、廿五
等級：★★★★☆

愛吃鬼MAP

南門路237巷

慶中街

五妃街　　慶中街豬血湯
　　　　　　★

鎮傳四神湯

鎮傳四神湯								
四神湯	小肚湯	肉筋湯	豬肚湯	生腸湯	大腸頭湯	綜合湯	炒米粉	糯米大腸
35	35	35	45	45	45	50		30

達人這樣吃

▶ 軟而不爛、又入味的豬腸，口感十分Q嫩彈牙。

▶ 帶有大骨熬煮過後的高湯香味，鮮美順口極了。

▶ 料多實在的濃郁湯頭，加點米酒，更加提香。

四神湯其實是很神祕的小吃啊，不覺得嗎？雖然每個人都喝過四神湯，但試著與周遭討論一下「四神」指的到底是什麼，還沒幾個人能馬上說出來呢！你能說它不神祕嗎？

神祕的四神配方據說起源自清代乾隆。當年的富少乾隆愛四處趴趴走是出了名的，大清國的少爺出遊，一路自有人安排打點當然是很開心，但被迫跟著出遠門、還得擔心萬一老闆有事自己也活不了的臣子們可是都累壞了，一個接一個倒地不起。數數看，竟然倒下四個之多。怎麼辦？

幸好遇上得道高僧出面提供藥方一服：茯苓、芡實、淮山、蓮子。

◀ 每一條豬腸都得經過手工翻洗乾淨，
並以數種藥材長時間熬煮入味。
▼ 喝四神湯，再配上用料豐富、口味極
佳的米粉炒，過癮滋味盡在嘴裡。

香Q米腸	香菇肉焿	碗粿	炒米粉	四神湯	小肚湯	肉筋湯	生腸湯	豬肚湯	大腸頭湯	綜合湯
30	40	30	大50小35	35	35	35	45	45	45	50

總店：民族路2段365號　2209686　0927729292　營業時間：AM:11:30~PM: :00

　「四味一同喝下便是。」想像當年僧人是這麼交代的。重點是結果臣子們還真的都因而恢復元氣，「四臣子湯」能夠健胃整脾的配方也就從此流傳開來。傳到講台語的閩南一帶，即轉音成為今日所說的四神湯。

　只用藥材熬煮的四神湯，澀感重，不易入口，所以普遍會加入豬肚和豬小腸以改善湯的質感，烹調豬腸的技巧於是也就成為四神湯味道的關鍵。

　以鎮傳四神湯為例，使用的豬腸都是每天一早才從市場採買回來的溫體豬腸，然後一條一條翻面清洗乾淨，以滾水汆燙後，再加入藥材熬煮三小時，才能把豬腸煮到軟而不爛，湯頭也因為用料夠多而呈現濃郁的白色，上桌時加點米酒更提香。

　值得一提的，是鎮傳四神湯的米粉炒也好吃喔！不僅料多、口味也佳，讓人不禁想要模仿電影《總舖師》裡的料理醫生說：「米粉是米做出來的，米粉卻走出了自己的路，米如果知道米粉有這樣的表現，一定也會很驕傲吧！」

愛吃鬼MAP

新美街　赤崁街
民族路二段
★ 鎮傳四神湯

✉ 台南市中西區民族路二段365號
☎ 06-220-9686
🕐 11:30～19:30
🌙 週一
等級：★★★★

吃甜點嚕！

很多人都說，甜點是一餐之中的美好句點
更有人聲稱，自己還有另外一個甜點胃
即便吃飽了，只要是甜點都還塞得下。
我們當然也要介紹一些飯後甜點給大家
但是，可不是什麼蛋糕、慕斯這類
是台南在地的本土點心

只賣三樣東西的小攤子
一次只能做一個的椪糖
傳承百年堅持手做的煎餅

光是站在旁邊看著，連過程都很迷人
更別說這些甜點職人累積數十年的好手藝了

樸實小食的華麗演出
林家白糖糕

達人這樣吃

▶ 小小攤子就賣三樣東西,每一個都買來嘗嘗吧!

▶ 白糖糕外酥內軟,放涼吃還有另外一種口感享受,超棒。

▶ 會爆漿的番薯椪,給你的味蕾一個驚喜吧!

日本武士有束髮、加冠的儀式,叫做「元服」。束髮之前是小孩,元服之後就算是大人了,在戰國時代,大人的意思是可以拿槍上戰場了。西方也有「甜蜜十六歲」的說法。但台灣好像不太有類似的活動喔──除了在保留最多傳統的台南,至今仍保有成年禮,稱做「鑽七星娘媽亭」。

習俗上,十六歲之前都算是小孩,都是靠七星娘娘和床母保護才能順利長大,平安轉大人之後,自然要對神明表示感謝,方法是鑽七星娘媽亭。

七星娘媽亭是一種紙糊的亭子,儀式進行時,會由家中長輩將亭子高高舉起,好讓十六歲少年能從亭子下方來回鑽三次。或者也可以帶著子女到廟裡鑽神明桌來回鑽三次,繞行時不可回頭,以象徵勇往直前。

扯這麼遠,是因為白糖糕正是用以答謝七星娘娘的重要祭品之一。

白糖糕是以糯米粉為原料,先加水揉成糯米糰,再分成小塊,搓搓拉拉慢慢調整成長條狀,再扭成螺旋狀,即可下鍋油炸,期間必須不斷翻動才能確保受熱均勻。炸好即可撈起瀝油。然後沾上糖粉和花生粉即可食用。

好啦,說穿了,「白糖糕不就是炸麻薯嘛!」也許你會說,就連調味的花生糖粉也跟客家麻薯一模一樣!

不過,口感可不一樣喔!剛炸好的白糖糕外酥內軟,放涼後食用則又更顯Q彈。會爆漿的番薯椪,現場吃也很精采!一種樸實美味卻有兩種華麗享受,怎麼不試試看呢。

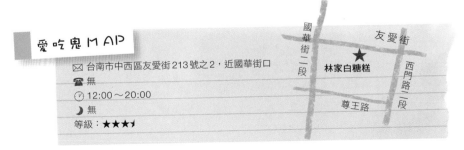

愛吃鬼MAP

✉ 台南市中西區友愛街213號之2,近國華街口

☎ 無

🕛 12:00～20:00

🌙 無

等級:★★★☆

最甜蜜的街邊美食秀

武廟葉記碳燒椪糖

可能中學時代的你也做過類似的實驗──首先，在大湯杓裡加入適量的砂糖、黑糖，與少量的水，然後把湯杓放上酒精燈加熱，同時要以筷子不斷攪拌。當糖水逐漸黏稠呈膏狀時，要先把湯杓自火源上取下。接著加入少許碳酸氫鈉，繼續攪拌。不久就會看到糖膏吹氣球似的忽然膨脹一倍以上。

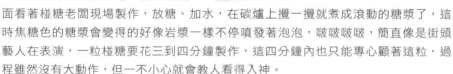

以上冷卻之後，就是現代社會已經不太容易找到的手工椪糖了。

聽起來好像很簡單吧，在武廟前面看著椪糖老闆現場製作，放糖、加水，在碳爐上攪一攪就煮成滾動的糖漿了，這時焦糖色的糖漿會變得的好像岩漿一樣不停噴發著泡泡，啵啵啵啵，簡直像是街頭藝人在表演，一粒椪糖要花三到四分鐘製作，這四分鐘內也只能專心顧著這粒，過程雖然沒有大動作，但一不小心就會教人看得入神。

接著老闆伺機加入俗稱小蘇打的碳酸氫鈉，咻的，方才還躺在湯杓底的焦糖立馬變胖又變高成弧形，表面呈現美麗又均衡的裂痕，則是不太容易在實驗室看見的場景，因為包括椪糖的形成、小蘇打受熱分解雖然只是基礎化學反應，好像誰都可能自己動手，但「水要加多少？何時添加小蘇打？又要加多少？」可無一不是學問呀！分量拿捏的不好，也可能好像舒芙蕾一樣，不一會兒就塌陷了。能像這樣把每粒椪糖都做得完美飽滿，某種程度上也真可說是藝術了吧。

褐色的椪糖焦香淡淡，喝牛奶的時候丟一小塊進杯子裡可是很提味喔，當然搭配咖啡也很對味。

愛吃鬼MAP

✉ 台南祀典武廟前廣場

☎ 無

🕐 週六、週日及國定假日11:30～21:30

🌙 週一到週五

等級：★★★★

民族路二段

武廟葉記
碳燒椪糖

永福路二段 227 巷

永福路二段

百年老店，買餅先知規矩

連得堂餅家

達人這樣吃

▶ 傳承四代的古早味煎餅，堅持手工烘烤，值得耐心等待。

▶ 每人僅限購兩包，別想耍詐，老闆都會記住你的臉的。

▶ 特殊口味的芝麻、花生、海苔煎餅，記得上網耐心排隊預購。

古都台南創業超過五十年，扛得起老店名號的店家或許比比皆是，但百年以上的招牌也真是屈指可數了，蔡家的連得堂便是其中翹楚。「連德」二字分別各取自第四代蔡偉忠的阿祖蔡清連，與阿祖叔蔡清得。

打從阿祖叔從日本人那裡學到製作煎餅的技術，連得堂創業百年以來始終堅持職人精神、手工製作。在製餅的極盛期，台南市內至少有五家以上煎餅鋪，但迄今仍然在小巷內一步一腳印做著繼承自前人的古早味煎餅的，也只有別無分號的連得堂了。如今仍坐鎮店中的據說是新購入的紅色煎餅機，也吭不啷噹上工超過四十個年頭，堂堂邁入中年。

▲口感酥脆鹹香的味增煎餅，一烤好得趁熱折捲再切成條狀。

　　一台機器，右邊數過來左邊數過去就是五塊模型，同一時間最多就是只能製作25塊餅，圓形的是純粹以雞蛋、糖、奶油、只加牛奶不加水製成的雞蛋原味，方的趁熱時折捲起來再橫剖切成小塊的則是稍微帶點鹹香的味噌。鋪進模型裡的生料，每次都需要耗時五到六分鐘才能出爐，產量有限可想而知。

　　也因此，不論遊客是多麼遠道而來，每人每次僅限購兩包。特殊口味，例如花生、芝麻、海苔，則請上網排隊耐心等待。

　　喔，對了，由於老闆認人的功力跟製餅一樣都是一流，請不要幻想消費之後到附近晃個兩下便又能二次消費，屆時若是被老闆發現而遭拒絕，可別見笑轉生氣耶！

愛吃鬼MAP

✉ 台南市北區崇安街54號
☎ 06-225-8429 或 06-228-6761
🕐 平日 08:00～22:00
　　假日 08:00～18:00
🌙 無
等級：★★★★

連得堂餅家

福德街
崇安街
北忠街

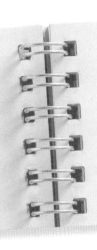

呷涼ㄟ

阿田水果行 ● 泰成水果店 ● 蜷尾家甘味處 ● 北門劉家
阿龍杏仁茶 ● 布萊恩紅茶 ● 水仙宮青草茶 ● 雙全紅茶 ● 明堂

台南第一杯木瓜牛奶

中西區 民生路一段 168

阿田水果行

達人這樣吃

▶ 布丁的焦糖香味，正是這杯木瓜牛奶的祕密。

▶ 低調的味全牛奶，不特別突出的牛奶味，就是木瓜的最佳夥伴。

▶ 店內的其他果汁和水果，也不要放過喔！

　　附近短短約一百公尺左右的距離，竟然就聚集了裕成、義成、冰鄉和阿田四家水果老店。老店自是各有特色，譬如要吃番茄切盤「柑仔蜜」可以到冰鄉，芒果牛奶冰在裕成，舒國治寫過的義成的水果汁也很受到好評。

　　但是如果你是木瓜的粉絲、熱愛木瓜牛奶無法自拔，喔不止，就算你從來都不喜歡木瓜酵素的特殊氣味，更討厭木瓜牛奶留在嘴巴裡的餘味，你都應該走一趟阿田水果行，因為阿田正是台南木瓜牛奶第一名，台南第一杯木瓜牛奶是阿田做出來的。

◀一個果汁機，激發了老闆創造了木瓜牛奶的創意！

▼好喝的木瓜牛奶，喝到一半才想到要拍照，真是不好意思。

民國五十一年核發的營利事業登記證被掛在店裡當成裝飾，當年是以「果田號」登記，資本額一仟元。

想當年第一代老闆偶然跑到台中玩耍，閒逛時，發現台中竟然有一種當時台南還沒有的東西叫做果汁機，老闆好奇心重買了一台，然後就這樣試做出了台南第一杯木瓜牛奶。嗯，還真是毫不曲折的故事吧，也許阿田注定就是要為人們提供好喝的木瓜牛奶，所以一切是如此水到渠成。

阿田水果行木瓜牛奶好喝的祕密在於布丁，沒想到吧！就是那種帶有濃厚焦糖底的雞蛋布丁，因為焦糖的香味正好可以取代木瓜特殊的酵素味道，只留下天然水果本身的果香與焦糖的清甜。

至於牛奶則是使用味全的。時下飲料店通常熱愛強調本店使用「林鳳營鮮乳」，不可否認最簡單的林鳳營的牛奶味確實比較明顯，但為了搭配台農2號木瓜而不是搶走木瓜丰采，阿田選用低調的味全倒是更對味。

愛吃鬼MAP

新美街

阿田水果行 ★

民生路一段

西門路二段

✉ 台南市中西區民生路一段168號

☎ 06-228-5487

🕐 11:00～24:00

🌙 無

等級：★★★★

高品質、季節限定的精品水果

中西區 正興街 **80**

泰成水果店

像這樣裝潢樸實、規模也不特別寬敞的水果店，想像大概就是很社區型的，純粹是以販售當令水果為主力的水果店吧。殊不知像泰成水果店這樣創立於 1935 年，營運超過七十年的老店，其實最早可是老一輩台南人、而且是有錢台南人實踐生活品味的一種方式。

達人這樣吃

▶ 擁有身分證履歷的高品質水果，引人垂涎。

▶ 招牌必點！擺盤超吸睛的「哈蜜瓜瓜冰」。

▶ 當季新鮮現切水果盤，現打果汁。

在進口水果仍是奢侈品的時代，泰成水果店便已經開始為挑嘴的台南人提供具備現下正時興的所謂「身分履歷」的高品質水果了，譬如這是來自日本的蜜蘋果、南水梨，那是產自泰國的芒果。

時至今日，以水果店之名行冰果店之實的泰成服務更多元，除了現切水果盤，也積極開發個性化單品，像是以哈密瓜當作容器、層層堆疊上晶瑩的哈密瓜球，再淋上煉

◀甜蜜浪漫、軟滑香甜又多汁的「哈蜜瓜瓜冰」。

▲真材實料的綿密布丁，布丁控必
　踩點。
◀甜度高、果味十足的茂谷原汁，
　千萬絕對別錯過。

乳，做成造型浪漫、口感軟滑香甜的「哈蜜瓜瓜冰」。還有偷偷加入草莓提味的木
瓜牛奶、釋迦牛奶等各種現打果汁。

但其中最最不可錯過的，應該是每年二月之後開始進入盛產期的「茂谷原汁」吧。

茂谷原汁取自茂谷柑，是一種外型扁圓的柑橙，表皮光滑、去皮不易，

但果肉柔軟、味道濃郁，重
點是，甜度高，所以
完全不需要添加任何不
必要的人工甘味（在天
然果汁裡加入任何人工
甘味都是不必要的不是
嘛！），光是果汁原味
已經夠滿足味蕾。

店內搭配冰品使用的
布丁精選自台南當地老
廠，是真材實料的綿密布
丁，提醒布丁控們，這兒
也必踩點喔！

✉ 台南市中西區正興街80號
☎ 06-228-1794
🕐 14:30～23:30
🌙 不定休
等級：★★★★☆

愛吃鬼MAP

泰成水果店
★

國華街三段

正興街

充滿驚喜的霜淇淋
蜷尾家甘味處

達人這樣吃

▶ 除了甜味,記得將那股甘味銘記在心。

▶ 因應食材季節變化,每日新鮮供應兩種口味,就看你來的季節如何。

▶ 搭配棒狀鹹餅乾,增添多層次口感。

原本只是一間位於轉角的,不甚顯眼的老房子,但經過年輕老闆的悉心整理,帶進新巧思,老房子不僅瞬間翻紅,成為散步台南的必經之地,招牌商品甚至帶動起一波「夏天就是要吃霜淇淋」的新風潮。這兒,就是蜷尾家。

「蜷」是霜淇淋呈現在甜筒上的彎曲造型,「尾」是霜淇淋的尾端,「家」則是因為嚮往的日本,店名似乎常以家字作結,才有了這麼洋溢日式風情的店名。甘味處則是直接取自日文「甘味」,就是甜點店的意思。呼應店名,從擺設的燈籠到象徵營業中的門簾,也是無一不是日式風格。

但蜷尾家的魅力豈只是造型而已呢!對於食材的堅持與用心才最吸引。

新鮮製作的蜷尾家霜淇淋為控制品質,每日僅供應一至兩種口味,看似變化不多,實際上因應食材或季節變

▲台式彩色馬卡龍與紅豆派也是人氣紅不
　讓的茶食甜點。

◀以棒狀鹹餅乾取代湯匙，沾著霜淇淋一
　口咬下，滋味更過癮！

化，口味不定，你根本無從預期今天可能吃到什麼味道，反而更多驚喜呀！有時是
抹茶，有時是玄米，也有以特選北海道起司製成的北海
道起司檸檬。

從彎曲的尾巴尖
端開始品嘗這濃郁
香甜，搭配的棒狀
鹹餅乾與扎實的布
朗尼既可當作是可
食用小調羹，其實
也是增加口感的小
祕密，隱藏於霜淇淋
中段之間的碎餅乾也
適時豐富了甜食的滋
味，於是蜷尾家的甜
不只有甜，還有無窮
的甘味，教人回味。

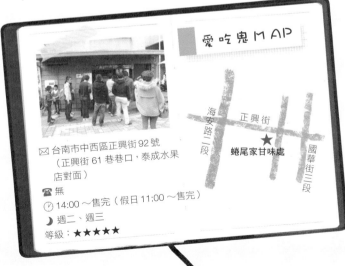

愛吃鬼MAP

海安路二段　正興街　國華街三段

★蜷尾家甘味處

✉ 台南市中西區正興街92號
　（正興街61巷巷口，泰成水果
　店對面）

☎ 無

🕐 14:00～售完（假日11:00～售完）

🌙 週二、週三

等級：★★★★★

酸甘甜的復古滋味
劉家楊桃湯

達人這樣吃

▶ 想念小時候酸甘甜的楊桃湯嗎？劉家滿足你。

▶ 用蜂蜜醃製2週的蜜楊桃，在夏天加上冰塊就是楊桃冰了。

▶ 小提醒，體質寒冷的人，不要喝太多楊桃湯。

▶ 冰鎮鳳梨湯，因為加了甘草粉，非常順口不咬舌喔！

雖然也是堂堂六十年老店了，但裝潢簡單得幾乎沒有裝潢可言，放眼望去，全店最顯目的就是店頭一尊一尊瘦高形狀的玻璃瓶，顏色有黃有紅，深淺不一，種類也似乎也不盡相同，原來玻璃瓶裡的都是自家醃製的蜜餞，俗稱李鹹，劉家楊桃湯賣的就是酸甘甜的這味。

每年農曆十一月到年底是楊桃產季。剛採收下來的新鮮楊桃洗乾淨之後，先去芯、切塊，再用粗鹽醃漬半年以上，基本上是醃得越久顏色就越深，風味也越好。醃透的楊桃再經長時間熬煮，冷卻後加回醃汁即算大功告成。

經過繁複處理的楊桃，美味充分濃縮，所以需要的時候只要沖水就能當成養生飲料。也有將新鮮的楊桃切片，加上蜂蜜醃製兩星期左右才完成的蜜楊桃，加點冰塊就是酸酸甜甜的楊桃冰。

加鹽醃漬的鹹楊桃水則有潤喉清肺的功效，可有效緩解喉嚨不適或久咳不癒，天然水果的回甘氣息，夏天飲用，真是尤其解渴。

冰鎮鳳梨湯也是充滿南台灣風情的消暑聖品。鳳梨去皮切大塊後加糖熬煮，於是糖的甜味會滲進鳳梨果肉，相對的鳳梨的酸味則會流到湯汁裡，過程中添加少許甘草粉，則是鳳梨湯順口不咬舌的小祕密。

不過因為楊桃屬冷，提醒體質寒涼的人務必得留意，別飲用過量，免得造成胃部不適，那可就太掃興了。

愛吃鬼 MAP

✉ 台南市中西區北門路一段79號
☎ 06-225-1887
🕐 10:00～22:30
🌙 無
等級：★★★★☆

青年路

青年路226巷

北門路一段

★
劉家楊桃湯

無人工添加的杏仁茶真面貌

阿龍杏仁茶

杏仁，就是杏子的核仁。本草綱目記載：杏仁性味辛苦甘溫、有小毒，入肺與大腸經。有止咳平喘、潤腸通便之功效。

但熟悉的「杏仁」二字只是總稱喔，實際上又可分成南杏與北杏。北杏味苦，又稱苦杏仁，所謂良藥苦口，前述具備療效的是指北杏。南杏味甘，又稱甜杏仁，但相對於北杏，醫療偏低，比較多是食用，譬如像是阿龍杏仁茶的作法，混以米漿做成杏仁茶。

阿龍杏仁茶，原本只是在台南縣市交界處的榮民醫院的郵局前面的一家連名字都沒有的小攤子，但憑著第一代老闆娘的手藝，漸漸累積口碑，如今不但有自己的店面，杏仁茶也早就成為網購熱門商品。

達人這樣吃

▶ 用鼻子認真聞一下，沒有刺鼻香精味的杏仁茶。

▶ 用頂級杏仁製成的杏仁茶，口感相當綿密。

▶ 搭配油條或酥餅，就是古都風情的下午茶。

而之所以受到歡迎，很重要的一點，是阿龍杏仁茶沒有那股令人避之唯恐不及的刺鼻香精味！杏仁原料選用油脂多且帶有苦味的頂級杏仁原豆，再經由不宜透露的獨家技術去除杏仁苦味，留下油脂和香氣。

當然，初嘗阿龍杏仁茶，也有可能會覺得怎麼香味好像不似百貨公司美食街賣的杏仁茶，總是還距離大老遠時就能聞到所謂的「杏仁味」，不過這不正好是阿龍杏仁茶無人工添加的最好證明嘛！有良心的店家只想提供客人健康的美味，淡淡杏仁香才是杏仁茶的真面目啊！

不含香精的杏仁茶氣息溫和，但口感可是格外綿密喔！而且質地細緻，容易入口，又有飽足感。搭配油條或酥餅一起食用，就是最古樸的午後小點。

愛吃鬼MAP

✉ 台南縣永康市小東路581號
☎ 06-311-1091
🕐 15:30～1:00
🌙 無
等級：★★★☆

忠義街10巷

忠義街　　阿龍杏仁茶　　忠勇街
　　　　　　★

小東路

台南紅茶不可小覷的新興勢力

布萊恩紅茶正興店

在老店淹腳目的台南，一個成立不到十年的品牌，大概只能算是毛都還沒長出來的小屁孩吧。不過對於飲料市場而言，七年的開店資歷，三家分店，規模雖然談不上是大哥大姊，但也算是腳步站穩了。布萊恩紅茶正是這樣一個代表台南新興勢力的茶飲品牌。

布萊恩紅茶只賣紅茶，全年固定銷售的品項只有：麥香紅茶／奶茶、觀音紅茶／奶茶、阿薩姆紅茶／奶茶、伯爵紅茶／奶茶，和使用產自海拔 1300 公尺高山金宣品種做出的全發酵「高山紅茶」。

單價最高的品項則是季節限定的「梅醋紅茶」。這最高是多高呢？使用花蓮有機蜂蜜梅醋沖泡而成的梅醋紅茶定價 95 元，與時下流行的五十元左右一杯的檸檬茶飲價差近一倍，差距不可謂不大，可是布萊恩紅茶依舊生意興隆，人潮完全不受價格影響哩。怎麼辦到的？

其實只要喝過的人就會明白店家的用心程度，布萊恩紅茶不是普通的工業香料茶，而是源於天然茶香，店內使用南投魚池鄉香茶巷 40 號的茶葉，堅持手採一心二葉，而且不是一次煮一大缸慢慢賣，卻是使用店內也看得見的陶壺一壺一壺煮出來，一次煮一點才能保持茶水的新鮮。

就連紅茶和奶茶的茶水也是分頭進行喔！因為加入牛奶會改變茶的濃度啊，用來做成奶茶的茶就必須比紅茶濃一些。

竟然連這點都注意到了呢，可想而知老闆真是愛茶人，就是因為愛喝茶卻總是喝不到滿意的茶，才乾脆自己賣茶。價格反應了成本，也許不是特別便宜，但好茶的餘韻與喉頭回甘的滿足感絕對值得多付出的那幾個銅板喔！

愛吃鬼MAP

布萊恩紅茶 ★

正興街　　國華街三段

✉ 台南市中西區正興街62之2號

☎ 0955-262716

🕐 08:00～22:00

🌙 無

等級：★★★★

指名蟾蜍圖案就對了

水仙宮青草茶

貌不驚人的蟾蜍，原來全身都是寶呢！包括蟾酥（蟾蜍的腺體分泌物）、蟾衣（蟾蜍脫皮後的角質）、蟾肝、蟾膽等等，分別具有解毒、止痛、消炎、抗癌等各種功效，而水仙宮青草茶第一代杜馬正是民國五零年代的抓蟾蜍達人是也，熟悉蟾蜍的他，因為擅長利用蟾蜍為人治療俗稱蛇皮的帶狀疱疹而馳名。蟾蜍也就順理成章地成為以清涼消暑為職志的水仙宮青草的正字標記。

苦茶與青草茶的不透明外帶杯造形相當復古，總是先一步盛裝好後就放在店外騎樓邊的業務用大冰箱裡。

「為什麼飲料不放在店裡呢？」也許你會問。因為各種草藥早已塞滿店內甚至茂盛的滿出來了呀！當然這些草藥也是商品啦，不過最方便入手的當然還是以黃花草、六角英、珠仔草、鳥目草、鳳尾草等草藥熬煮成的招牌青草茶，配方還加入了薄荷，卻沒有額外添加乙二胺四乙酸，當然也沒有順丁烯二酸。

所以入口雖然苦澀，但青草茶流過喉頭之後，清涼感自然散發，三分甜也許甜度略低，但也是這樣才能久喝不膩呀，何況熱量也低些，簡直是養生概念走在時代尖端的健康飲品，來到國華街金三角怎能不來一杯呢！

吃苦功力一流的孩子們歡迎嘗試苦茶，無意挑戰吃得苦中的朋友則請以青草茶入門。

愛吃鬼MAP

✉ 台南市國華街三段183號
☎ 06-225-8349
🕐 07:00～21:00
🌙 無
等級：★★★✦

水仙宮青草茶
★

國華街三段　民族路三段

手搖飲料創始人在這裡啦！

中正路 131巷

雙全紅茶

茶的製成與發酵程度有關。如果不經發酵直接烘培，就是茶色接近葉片原色的綠茶。相反地，當茶葉經過徹底發酵過後才烘乾，顏色會轉成深褐色，再經水沖出的茶色也呈紅褐色，便成了所謂的紅茶。

雙全紅茶的祖師爺張番薯先生，由於早年曾經赴日學習調酒，回台之後便將調酒必備的手搖杯技術運用在茶飲上，竟也創造出泡沫紅茶，進而成為手搖飲料第一人，當時真是他說第二，沒人敢稱第一呀！

到了 1980 年，張番薯有感於年事已高，便把沖紅茶的技術傳給個性認真又聰明的鄰居青年阿全，也就

達人這樣吃

▶ 丟掉吸管，以口就杯，將茶泡與茶水一起含進嘴裡，再慢慢吞下，讚！

▶ 雙全的茶業是南投的仙女牌紅茶，有著特殊果香。

▶ 味道足夠又不澀的紅茶時，全靠經驗來拿捏。

▶ 不要期待老闆問你要不要加奶加檸檬或養樂多，這裡只有純紅茶！

六十年老店紅茶
一甲子‧眞感情 http://www.twinall.com.tw

▲走過一甲子的老店，就靠著這一杯紅茶。

▲老闆的叮嚀，大家一定要聽喔!!一定要宅配！
◀雙全紅茶傳承的故事，也讓人感受到舊時代人情的美好。

是第二代業主許天旺，也是在第二代的努力下正式定名「雙全紅茶」。

店內長年選用南投埔里魚池鄉的仙女牌紅茶，是經農林廳改良後的阿薩姆茶種，具有特殊果香。但茶要好喝，除了好材料，沖茶技術更是關鍵，必須依季節不同拿捏沖泡時間，免得味道不足或是過頭了又太澀了，憑藉的當然全是經驗。

完成的紅茶再配入比例適當的糖水，加進碎冰塊以雪克杯搖勻，單純又好喝的古早味紅茶就完成啦！雙全紅茶不加奶也沒有檸檬或養樂多，就是只有甜度不同的純紅茶。

喝的時候別用吸管，最低限度至少第一口茶要以口就杯，將紅茶頂部泡沫的部分和沁涼的茶水一同含進嘴裡，先停留兩到三秒，再慢慢吞下，如此一來才能真正體會茶香與些許的苦甜。一如古人所言，如人飲水，冷暖自知。

愛吃鬼 MAP

✉ 台南市中正路131巷2號
☎ 06-228-8431
🕙 10:00～19:00
🌙 週日
等級：★★★★

中正路138巷
中正路
雙全紅茶 ★
中正路111巷

喝咖啡就該聊是非

明堂 Dawn Room

達人這樣吃

▶ 紅酒牛肉拌麵，牛肉口感柔軟細
嫩，分量誠意十足。

▶ 甜點原味舒芙蕾，綿密細緻，蛋香
味超濃郁。

▶ 豐盛用料澎湃的三明治，麵包Q
彈有嚼勁，必點！

「嗯……這裡是幹嘛的？」初次來到附近的第一印象大概都是滿肚子狐疑吧。首先是不明建築物的圍牆非常高，就算繞著走一圈，也不知道裡頭在搞啥名堂？

嘿嘿，殊不知這「不知道裡頭在搞啥名堂」正是店名的由來。

明堂老闆陳曉明因為創立ORO系列，在台南算是響叮噹的人物，卻在2010年初把成功在南部帶起早午餐潮流的ORO給轉讓出去，才又另外開設了這家高門檻的咖啡店。消費採會員制，必須先儲值新台幣五仟或一萬元，才能取得預約資格。擁有會員卡的顧客到達後可以直接在門口刷卡開門後入座，而沒有會員卡的路人就只能在外頭等待服務生帶位。

◀打上一層奶泡的南瓜濃湯，香醇滑順好開胃。
▼淺灰色的低調門面、高築的圍牆，引人注目。

▲現烤的原味舒芙蕾，充滿令人驚喜的好滋味。

　　創辦人稱之所以定出門檻，是因為不喜歡看到大家到了咖啡館卻不聊天只上網猛盯著筆電，才想創造一個保有隱密感的、能讓人安心談話的空間。

　　招牌極不明顯，低調又前衛淺灰色的Dawn Room，可是從長滿雜草的空地開始蓋起的，以光與影子的關係作為設計概念，不論線條與顏色都採極簡風格。

　　用餐區挑高420公分，放滿杯子的隔架十分醒目。鵝黃的投射燈光打在餐桌正中央，令人感覺溫馨放鬆。空間寬敞但仔細一看座位其實不多，一半座椅一半是沙發，座位區後倚書架，吧台位在店中央。

　　店內座椅選自丹麥設計師作品，音響是英國B&W，餐具則是德國品牌Rosenthal，以這排場，餐點價格相對而言倒還算是親民。單價最高的主餐紅酒牛肉拌麵也只不過台幣三佰多塊，而且牛肉口感柔軟細嫩，分量也給得很有誠意不小氣。甜點原味舒芙蕾，蛋香味十足，不會才端上桌就塌陷。

✉ 台南市安平區建平路139號
☎ 06-293-4139
🕐 早午餐 09:00～11:00
　 午晚餐 12:00～14:00、18:00～20:00
　 輕食 14:00～20:00
🌙 無
等級：★★★★

愛吃鬼MAP

建平四街18巷
建平四街
建平路
★ 明堂

非買不可伴手禮

滋美軒 • 新億成 • 新興461 • 雙全紅茶 • 竹記東菜鴨

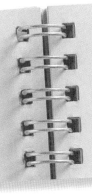

滋美軒：香腸、肉鬆
送禮自用兩相宜

　　肉鬆和香腸是大家小時候的美食回憶之一，香腸更是在古早年代，送禮的體面選擇，也是過年期間少不了的一道菜呢！而肉鬆更是家裡常備的簡單美味。歷史悠久的滋美軒，肉鬆一打開香味撲鼻，香腸在脆爽的腸衣下，是紮實的肉餡，咬起來很過癮。送人的話，可以選擇罐裝禮盒，自己吃的話，就買整包的啦！大包、小包任君挑選。

香腸原味 200 元／盒，五香 270 元／盒；肉鬆，小包 100 元，大包 200 元，罐裝 300 元。

伴手禮 2

新億成：蒜絨枝
懷舊的復古零嘴

本省家庭過年期間，客廳的糖果盒裡少不了的就是蒜蓉枝這味。親朋好友來家裡相聚時，嗑瓜子、喝茶之外，偶爾也會來個幾根，那爽脆的口感，喀啦喀啦地，聽起來就讓人好愉快。也許是帶著節慶歡樂的回憶，蒜蓉枝可以說是新億成熱賣的幾項伴手禮之一，別忘了帶幾包回家繼續回味台南。

蒜香與芝麻黑糖口味，每包皆 50 元。

新興461軟骨肉
值得等待的好味道

　　新興461在臉書上回應客人的一個回應中寫道：「軟骨肉是有預約才會做的，不會事先做起來放在那邊等人來買。為堅持食品品質，請多多見諒」。這股堅持的職人作風，讓人還沒吃到，就已經佩服萬分。還記得我第一次見到軟骨肉的時候，覺得看起來很普通，但是一入口，驚為天人，骨頭燉到入口即化，充滿膠質的口感，而且不論是紅燒和清燉，都好吃到讓人驚豔！不管是拌麵、拌飯都好吃到極點。

紅燒與清燉兩種口味，各 130 元，運費 120 元，以低溫配送。滿 20 包以上免運費。

伴手禮
4

雙全紅茶
冬天夏天都想喝

　　雙全紅茶對台南人來說是再熟悉不過的飲品,其實也早已經享譽全台了。夏天的時候宅配的訂單更是供不應求,要是手腳慢了點,等上二週或一個月都有可能,不過到了冬天,就不必等這麼久了,想喝就訂,因為加上熱牛奶,也非常香醇好喝呀!

每罐茶資 160 元,運費 150 元。別太客氣,一次買多一點,因為很快就會喝完的。

竹記冬菜鴨
老饕才知道的祕密伴手禮

　　嚴格說起來，竹記冬菜鴨並不是一家專門賣伴手禮的店，其實就是一家小店，冬菜鴨的美味，相信吃過的人也都難忘記。不過呢，在店裡吃得滿足之後，我要強烈推薦，大家打包一些鴨翅回家，不管是要邊看電視邊啃，還是和三五好酒喝酒時的下酒菜，鹹淡剛好又彈性爽口的鴨肉，真的會讓人一隻接一隻的啃下去，一次買多一點，免得太快吃完了只能啃手指。

有煙燻和水煮兩種口味，各有一番滋味，一盒 15 支，150 元。

採買祕笈

心動不如馬上行動，不必上網找了，伴手禮購買資訊都在這裡！採買祕訣是：

1. 先想好買什麼，最好揪朋友一起，因為運費皆外加，大家一起分攤更開心。
2. 先向店家詢問好費用與轉帳資料，轉帳後記得再電話確認。
3. 部分店家需要提供轉帳的單據，記得留好。

● 滋美軒

⊠ 台南市中西區民生路二段64號

☎ 06-2224910

🕐 8:00～20:00，星期日：8:00～18:00

🌙 每月第二、四個星期日休假

宅配資訊：

先向店家索取訂購資料，選好產品之後，加上運費，先匯款後傳真或e-mail回覆，電話確認後，店家便會告知可以寄達的時間。

* 香腸必須使用低溫宅配，運費150元。常溫商品運費120元，若有買香腸，運費以150元計。

● 新興461

⊠ 台南市南區新興路461巷6弄2號

☎ 0931-700703

🕐 採網路、電話聯繫販售，無實體店面。

宅配資訊：

聯絡人：楊先生 0980-299-702。告知購買商品與數量後，店家會告訴你總金額，以及到貨時間，預計到貨日期前一週再匯款即可。

● 新億成商店

⊠ 台南市中西區中正路131巷36號

☎ 06-2251916

🕐

宅配資訊：

選好商品後，打電話向店家詢問匯款資訊，老闆娘會很好心的建議以郵局無摺存款的方式匯款，可以幫大家省下一點轉帳手續費。運費 100 元外加，所以買越多越划算喔！

● 雙全紅茶

⊠ 台南市中正路 131 巷 2 號

☎ 06-228-8431

🕐 09:00～21:00

🌙 週日

宅配資訊：

一樣先打電話或傳真，告知購買數量，已經買過的老顧客，記得跟店家確認一下轉帳的帳號，有更新喔！

● 竹記冬菜鴨（鴨翅）

⊠ 台南市中西區中山路 47 號

☎ 06-222-7872

🕐 週一～五16:00～23:00

🌙 週六、週日

宅配資訊：

冬菜鴨沒辦法幫你宅配鴨翅啦！你如果打電話去問可不可以宅配，老闆娘會逗趣的跟你說，你要自己來買，自己配喔！所以，到台南時記得多買一些帶走，或是拜託台南的朋友幫你去買個一、兩盒，幫你宅配啦！

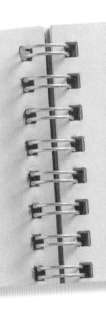

徐天麟飽食
行程大公開

行程 1：市中心的美食巡迴　●　行程 2：專訪在地人的深度美味

行程 3：吃遍名店好滿足　●　行程 4：三餐完美搭配的飽食行程

市中心的美食巡迴

六千牛肉湯 → 矮仔成蝦仁飯 → 順天肉燥飯

葉家小卷米粉 → 水仙宮青草茶 → 阿龍香腸熟肉

阿江炒鱔魚 → 金得春卷 → 姚燒鳥

適用對象：想快速瀏覽台南美食的貪吃鬼。

目標：以海安路為中心，延伸至保安路、國華街與民族路一帶。

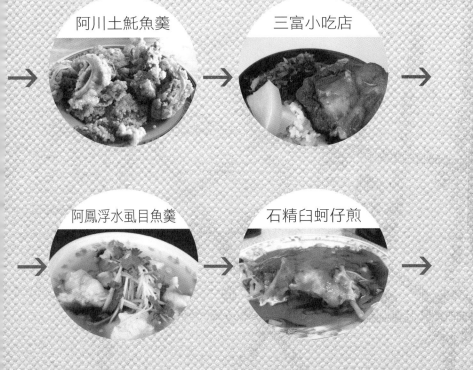

阿川土魠魚羹 → 三富小吃店 →

阿鳳浮水虱目魚羹 → 石精臼蚵仔煎 →

專訪在地人的深度美味

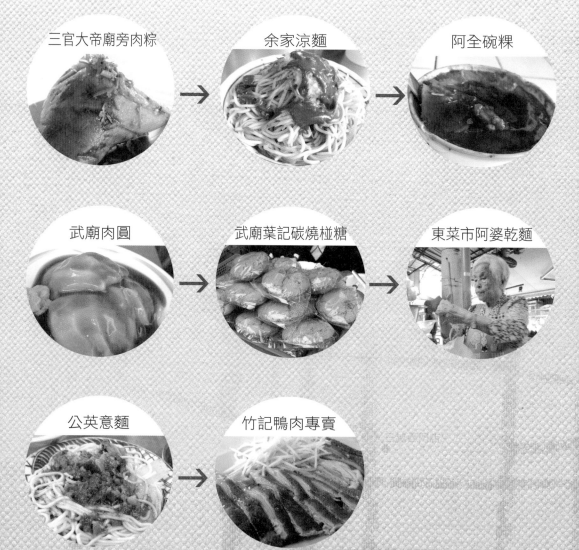

三官大帝廟旁肉粽 → 余家涼麵 → 阿全碗粿

武廟肉圓 → 武廟葉記碳燒椪糖 → 東菜市阿婆乾麵

公英意麵 → 竹記鴨肉專賣

適用對象：想知道台南人都在吃什麼好奇饕客鬼。

目標：深入市場，避開觀光客。

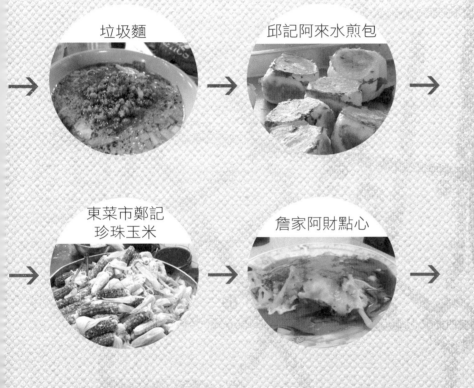

垃圾麵

邱記阿來水煎包

東菜市鄭記
珍珠玉米

詹家阿財點心

小提醒
市場內的美味多半營業時間短，最好自備交通工具，
比較有辦法每一道都吃到啦！

行程
3

吃遍名店好滿足

六千牛肉湯 → 包成羊肉湯 → 阿婆碳烤三明治

榮盛米糕 → 赤崁棺材板 → 度小月

雙全紅茶 → 阿美飯店 → 連得堂餅家

適用對象：不吃到名店會傷心的愛吃鬼。

目標：鼎鼎有名，就算要排隊也甘願的人氣店家。

郭家肉粽

趙家燒餅店

富勝號碗粿

阿田水果行　或　泰成水果店

周氏蝦卷

勝利早點

三餐完美搭配的
飽食行程

張記早餐店　　　勝利早點　　　友誠蝦仁肉圓

或

明卿蝦仁飯　　　古堡蚵仔煎　　　阿銘牛肉麵

小提醒
以上行程是根據兩天一夜的時間來安排的，如果你有更多時間可以
留在台南，那還沒列上的店家，也請一起去飽食一頓吧！希望你也
能創造出屬於自己的美食行程！

適用對象：胃不太大，除了吃也想逛逛的人。

目標：吃得飽的台南美食。

巴人川味　→　信義小吃 炒鱔魚專家　→　府城黃家蝦卷　→

我的飽食紀錄

成功路

文和街　成功路
57
永和街　和　中和街　協和街
美街　臨安路一段　文賢路

金華路四段

海安路二段

西門路二段

新美街

裕民街

50　成功路

44　忠義路二段

9　民族路二段
15
康樂街
13
32
31
12
1
大天后宮

成功國小

赤崁街

10　14
11　27
29　28

赤崁樓

民族路二段

民權路三段

民生路二段

金華路三段

民權路二段

永福路二段

民權路二段
54

新美街

35　33
34
國華街三段
48

民生路一段

海安路二段

中正路

康樂街

西門路二段

永福國小

18
19
16
20
17
忠義路二段
59

尊王路

國華街二段
21
38
30
40　39
友愛街

中正路

友愛街

國立台
文學

台南孔廟

25
保安路
大仁街
49
4　府前路二段
7
5　海安路二段
42　37　36
郡西路
8　6

23　府前路一段
24

忠義國小

西門路一段

和意路

永福路一段

南門路

金華路三段

大智街

夏林路

新光三越西門店

樹林街二段

忠義路一段

忠義路一段84巷
52

樹林街二

水萍塭公園

國華街一段

南寧街

永福路一段

忠義路一段
41　南寧街

西門路一段

2

五妃街

五妃

公園國小

西華街

成功路

西華南街

戈功路

公園路

台南大遠百

民族路二段　民族一段

西華南街

萬昌街

北門路一段

前鋒路

台南火車站

58

3

台南市中
西區公所

民權路一段

青年路

青年路

55

56

53

友愛東街

46

于中街

開山路

51

22

26

府前路一段　府前路一段

東門圓環

台南女中

開山路

大同路一段

府東街

樹林街一段

國立台南
大學附小

國立台南大學

府連路

慶中街

47

大同路一段

45

五妃街

1. 富盛號碗粿
2. 大菜市包仔王
3. 下大道旗魚羹
4. 三富小吃店
5. 順天肉燥飯
6. 矮仔成蝦仁飯
7. 阿川土魟魚羹
8. 六千牛肉湯
9. 阿江炒鱔魚
10. 名卿蝦仁飯
11. 鎮傳四神湯
12. 金得春卷
13. 姚燒鳥
14. 石精臼肉燥飯
15. 鄭家牛肉湯
16. 度小月
17. 首府米糕棧
18. 赤崁棺材板
19. 哈利漢堡
20. 雙全紅茶
21. 榮盛米糕
22. 山記魚仔店
23. 包成羊肉湯
24. 鄭記蔥肉餅
25. 圓環牛肉湯
26. 圓環頂菜粽
27. 武廟葉記碳燒椪糖
28. 武廟肉圓
29. 阿婆碳烤三明治
30. 葉家小卷米粉
31. 石精臼蚵仔煎
32. 水仙宮青草茶
33. 布萊恩紅茶正興店
34. 蜷尾家甘味處
35. 泰成水果店
36. 阿龍香腸熟肉
37. 阿鳳浮水魚羹
38. 麟加白糖糕
39. 郭家肉粽
40. 阿全碗粿

41. 遠馨阿婆肉粽
42. 大勇街無名鹹粥
43. 劉阿川虱目魚
44. 松村燻之味創始店
45. 慶中街豬血湯
46. 台灣黑輪
47. 信義小吃炒鱔魚專家
48. 阿田水果行
49. 阿文豬心
50. 阿娥意麵
51. 有誠蝦仁肉圓
52. 天公廟魚丸湯
53. 劉家楊桃湯
54. 阿美飯店
55. 東菜市阿婆乾麵
56. 東菜市鄭記珍珠玉米
57. 府城黃家蝦卷
58. 竹記鴨肉專賣
59. 詹家阿財點心

東　區

新光三越　　台南火車站　　成功大學

中山路　　勝利早點　　台南一中　　後甲國中

長榮路三段　　勝利路

長榮女中

東寧路

府前路一段　　光華高中　　長榮高中　　**東　區**

開山路

大同路一段　　東門路二段

健康路一段　　林森路一段

台南市立
體育公園　　德光高中

崇明七街　　崇德路　　**余家涼麵**

永康火車

中山路　　四維街

劉家莊牛肉爐

自強路　　正義

中山南路　　忠孝路　　中山高速公路

中華路

小東路　　復興路

阿龍杏仁茶

北　區

北安路一段　　西門路四段

文成三路　　公園路　　北門路三段

文元國小　　長榮路五段

文賢路

文成路　　台南花園夜市　　和緯路二段　　大光國小

立賢路一段　　和緯路一段　　成功國中　　長榮路五段　　開元路

文賢
一路　　海安路三段　　**張記早餐店 ★**　　**★ 富台 8 號肉燥飯**

民德路　　小北路　　開元路

文賢國小　　公園路　　長榮路四段

★ 邱記阿來水煎包　　台南二中　　北門路　　開南街

公園北路　　林森路三段

成功路　　臨安路二段　　海安路二段　　東豐路

海安路二段　　公園南路　　**連得堂餅家**　　勝利路　　東豐路　　成大醫院

金華路四段　　立人國小　　忠義路三段　　北門路二段　　小東路　　小東路

垃圾麵 ★　　**巴人川味**

赤崁樓　　成功路　　台南火車站　　成功大學　　東和路

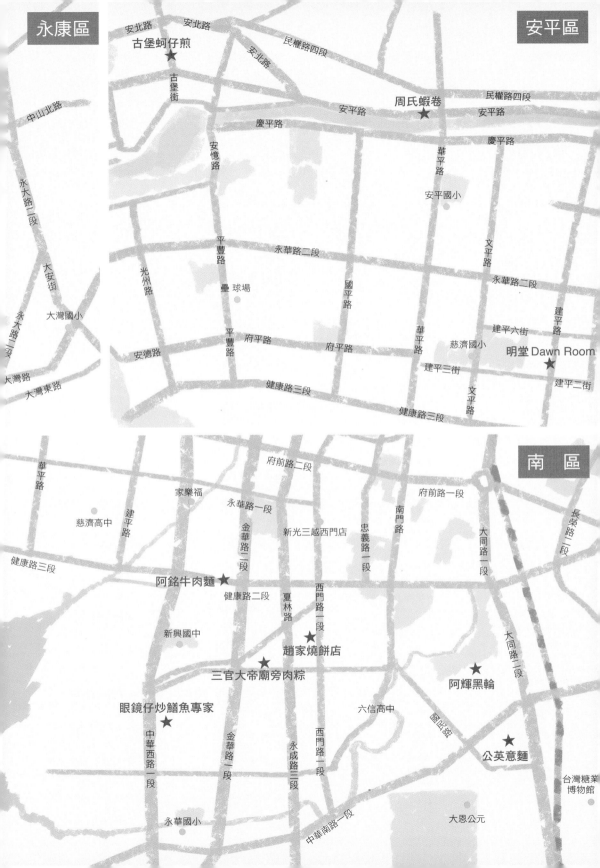

* 店家資訊異動，以店家公告或實際狀況為主。

徐天麟帶你吃遍道地台南美食

作　　　者／徐天麟
企 畫 團 隊／愛飯團 http://ifuntuan.com

文 字 整 理／Daisy Yu
執 行 編 輯／徐詩淵
企 畫 主 編／許心怡、李佳玲
美 術 編 輯／Jessica Chen
封 面 攝 影／True Blue Photo & Design Studio
封 面 設 計／申朗創意
企畫選書人／賈俊國

總 　編 　輯／賈俊國
副 總 編 輯／蘇士尹
資 深 主 編／劉佳玲
行 銷 企 畫／張莉榮 ● 王思婕

發 　行 　人／何飛鵬
法 律 顧 問／台英國際商務法律事務所 羅明通律師
出　　　版／布克文化出版事業部
　　　　　　台北市中山區民生東路二段141號8樓
　　　　　　電話：(02)2500-7008 傳真：(02)2502-7676
　　　　　　Email：sbooker.service@cite.com.tw
發　　　行／英屬蓋曼群島商家庭傳媒股份有限公司城邦分公司
　　　　　　台北市中山區民生東路二段141號2樓
　　　　　　書虫客服服務專線：(02)2500-7718；2500-7719
　　　　　　24小時傳真專線：(02)2500-1990；2500-1991
　　　　　　劃撥帳號：19863813；戶名：書虫股份有限公司
　　　　　　讀者服務信箱：service@readingclub.com.tw
香港發行所／城邦（香港）出版集團有限公司
　　　　　　香港灣仔駱克道193號東超商業中心1樓
　　　　　　電話：+86-2508-6231 傳真：+86-2578-9337
　　　　　　Email：hkcite@biznetvigator.com
馬新發行所／城邦（馬新）出版集團 Cité (M) Sdn. Bhd.
　　　　　　41, Jalan Radin Anum, Bandar Baru Sri Petaling,
　　　　　　57000 Kuala Lumpur, Malaysia
　　　　　　電話：+603- 9057-8822 傳真：+603- 9057-6622
　　　　　　Email：cite@cite.com.my
印　　　刷／韋懋實業有限公司／卡樂彩色製版印刷有限公司
初　　　版／2014年（民103）3月
　　　　　　2014年（民103）5月初版6刷
售　　　價／NT$380

國家圖書館出版品預行編目資料

臺南80攤：徐天麟帶你吃遍道地臺南美食/徐天麟著.
-- 初版. -- 臺北市：布克文化出版：家庭傳媒城邦
分公司發行, 民103.03
　　面； 公分
ISBN 978-986-5728-05-2(平裝)
1.餐飲業 2.小吃 3.臺南市

483.8　　　　　　　　　　　　　103000904